图解 住宅设备与尺寸设计

装修常用数据指南

[日]堀野和人 [日]加藤圭介 著
日本建筑协会 主编
伍叶子 张烨 译

華中科技大學出版社
http://www.hustp.com
中国·武汉

图书在版编目（CIP）数据

图解住宅设备与尺寸设计 / (日) 堀野和人, (日) 加藤圭介著；日本建筑协会主编；伍叶子, 张烨译.
－武汉：华中科技大学出版社, 2022.4
ISBN 978-7-5680-7854-2

Ⅰ.①图… Ⅱ.①堀…②加…③日…④伍…⑤张… Ⅲ.①住宅设备－设计－图解 Ⅳ.①TU8-64

中国版本图书馆CIP数据核字(2022)第048725号

图解住宅设备与尺寸设计
Tujie Zhuzhai Shebei Yu Chicun Sheji

[日] 堀野和人　[日] 加藤圭介　著
日本建筑协会　主编
伍叶子 张烨　译

出版发行：华中科技大学出版社（中国·武汉）
武汉市东湖新技术开发区华工科技园
电话：（027）81321913
邮编：430223

策划编辑：贺 晴
责任编辑：贺 晴
美术编辑：王 娜
责任监印：朱 玢

印　刷：武汉精一佳印刷有限公司
开　本：880 mm × 1230 mm　1/32
印　张：5.5
字　数：168千字
版　次：2022年4月第1版第1次印刷
定　价：68.00元

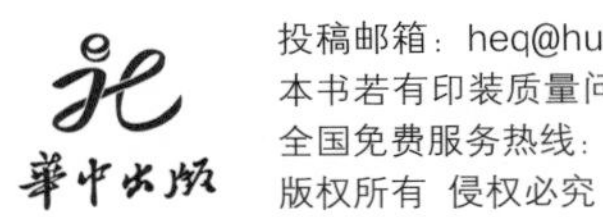

投稿邮箱：heq@hustp.com
本书若有印装质量问题，请向出版社营销中心调换
全国免费服务热线：400-6679-118 竭诚为您服务

序 言

说到与住宅相关的设计业务，一般都会想到建筑设计、结构、设备，以及许可证办理等，但就一般住宅而言，以上所有工作都是由建筑设计师完成的，很少有负责设备设计的人常驻在公司的例子。

我开始从事住宅设计工作时，能学到以建筑基准法为代表的建筑法规、平面布局方法，以及厨房设计方法等基础知识，但很少有机会学习给排水、电气等建筑设备专业知识。有关这方面的教科书也不多。即便是关于建筑设备知识的书，大部分也只是针对钢筋混凝土大楼的。就算其中有几页内容适用于住宅，似乎也不怎么能派上用场。

在本书中，第 1 章“住宅设备的基础知识”，按设备种类总结了不易学到的基础知识，以及作者关注的细节，包括将排水设备分为合流式与分流式的原因、配电箱的选择方法、空调的插座应该设置在哪儿等。

第 2 章 “住宅设备的设计要点”，正如本书中所提出的“宜居之家的营造要点”，总结了玄关、门厅、餐厅和起居室等空间中开关与插座的布局，以及盥洗台、坐便器等设备的选择方法和设置标准。

本书作为了解住宅设备基础的书籍，希望能够有幸为有志于从事住宅设计的人士提供帮助。

堀野和人

目 录

第1章 住宅设备的基础知识 …… 7

01 给排水设备 …… 8

1 供水设备 …… 8

1 供水管道的引入情况与管径确认 / 2 管道材料与施工方法

2 排水设备 …… 12

1 合流式与分流式 / 2 雨水排水设备 / 3 污水排水设备 / 4 净化槽的设置要点

02 电气设备 …… 22

1 室外电气设备 …… 22

1 引电方法与用电协议 / 2 地下电缆敷设方法与线缆种类 / 3 配电箱的选择

2 日本相关的电气法律 …… 28

3 室内电气设备 …… 30

1 照明设备的光通量与照度 / 2 筒灯配灯要点 / 3 间接照明的设计与施工 / 4 插座与开关的布局要点

03 暖通设备 …… 42

1 换气设备 …… 42

1 室内空气污染对策与24小时换气设备 / 2 机械换气设备的换气方式 / 3 第三种换气设计的要点

2 冷暖气设备 …… 48

1 壁挂式空调设置要点 / 2 地面采暖设备的种类与特点

04 防灾防盗设备 …… 54

1 防灾设备 …… 54

1 建筑物火灾现状 / 2 火灾报警器的安装

2 防盗设备 …… 56

1 住宅入室盗窃与防盗环境设计 / 2 强化住宅开口部分（门窗）/ 3 家居安防系统 / 4 其他设备

05 节能与发电设备 …… 62

1 ZEH——净零能耗建筑 …… 62

2 HEMS——能源可视化，连接手机更省心 …… 62

06 燃气与热水器 …… 64

1 燃气设备 …… 64

1 天然气 / 2 液化石油气 / 3 使用设备限制

2 热水器 …… 66

1 燃气式 / 2 电热式 / 3 燃气＋电热（燃电混动式）

专栏 如何更有效地与客户沟通 …… 68

第 2 章　住宅设备的设计要点 69

01　玄关与门厅的设备 70

1　适于迎客的照明与插座布局 70

1 照明布局的亮度、效果与便利性 / 2 既不显眼又便于吸尘器使用的插座位置

2　室内外连接处的潮湿问题对策 72

3　适老化家居设备 74

1 扶手 / 2 长凳 / 3 家用电梯

4　防止室外脏污被带入室内的卫生洁具 78

1 今后需求量将提高的玄关洗手池 / 2 洗手池设置的案例研究

02　浴室设备 80

1　有助于健康养颜的空间设计 80

1 传统浴室、整体浴室与半整体浴室 / 2 尺寸选择 / 3 出入口门选择 / 4 放松方式

2　解决威胁健康的冬季温差问题 84

1 换气扇与 24 小时机械换气系统 / 2 热休克与多功能浴霸

3　适老化浴室设备 86

1 整体浴室的平面与空间尺寸 / 2 扶手 / 3 其他设备

03　盥洗室设备 88

1　考虑到盥洗室收纳能力的盥洗台设计 88

1 盥洗台的选择 / 2 洁具卫浴的选择

2　防潮又便利的布局 94

1 照明布局方案 / 2 插座布局方案

3　改善湿冷的盥洗室环境 96

1 通风设备的选择 / 2 制暖设备的选择

4　适老化盥洗室设备 98

1 盥洗台的设置与空间尺度 / 2 扶手的设置 / 3 无障碍盥洗台 / 4 其他设备

04　卫生间设备 102

1　含有客用空间的卫生间设计 102

1 坐便器的组合 / 2 坐便器的功能选择 / 3 洗手盆的选择

2　卫生间外的开关布局与柔光照明 108

1 照明布局方案 / 2 插座布局方案

3　隐藏式 24 小时换气设备 110

1 局部换气的必要性 / 2 必要换气量与设备的选择 / 3 外观

4　适老化卫生间设备 112

1 卫生间布局与空间尺度 / 2 扶手设置 / 3 其他注意点

05　厨房设备 116

1　既美观又实用的厨房设计 116

1 厨房的选择流程 / 2 主要设备的选择

2 便于烹饪的照明布局和插座布局 …… 122
1 照明布局 / 2 插座布局
3 更安全、更实用的厨房设备 …… 126
1 地暖 / 2 感应式报警器与燃气报警器 / 3 带扬声器的筒灯 /
4 换气式抽油烟机与气压差感应式供气口 / 5 地下检查口与收纳空间

06 客餐厅设备 …… 130
1 缩短电视的最佳收看距离 …… 130
2 家庭影院设备设计 …… 132
1 必要设备与选择标准 / 2 隔音设备
3 宜居又节能的照明 …… 136
1 分散式照明与灯光控制系统 / 2 吊灯设置
4 方便日常生活的插座布局 …… 138
1 餐厅插座布局 / 2 客厅插座布局
5 其他必要设备 …… 140

07 卧室设备 …… 142
1 有利于健康睡眠的照明与插座布局 …… 145
1 照明布局设计 / 2 插座布局设计
2 保障安心入眠的设备 …… 146
1 空调 / 2 通风（室外）百叶窗 / 3 室内干衣设备 / 4 感应报警器 /
5 嵌壁式保险箱

08 和室设备 …… 150
1 融合了日式设计与功能性的照明与插座布局 …… 150
1 照明布局设计 / 2 插座布局设计
2 适用于多功能和室的设备 …… 154
1 嵌入式空调 / 2 升降式矮桌 / 3 感应报警器 / 4 干衣设备

09 阳台与屋顶设备 …… 156
1 实用性阳台设备 …… 156
1 照明与插座设备 / 2 给排水设备 / 3 干衣设备 / 4 功能性阳台
2 太阳能发电设备 …… 160
1 太阳能发电机的现状与发展 / 2 提高发电效率的屋顶设计

10 室外设备 …… 162
1 既安全又美观的照明设计 …… 162
1 照明布局设计 / 2 插座布局设计
2 住宅植被环境的给排水设计 …… 166
1 室外给排水设计 / 2 室外水龙头
3 其他设备 …… 168
1 收件箱 / 2 车棚

结语 …… 170

第1章

住宅设备的基础知识

01　给排水设备

给排水设备包括向宅基地或建筑物引入水管并连接厨卫器具的供水设备，以及将雨水或从浴室排出的污水连接到公共下水道的排水设备。

1 供水设备

1 供水管道的引入情况与管径确认

在开始规划供水设备之前，应确认宅基地内供水管道的有无，以及引入管的管径。虽然有些情况下可以在现场目测，但是管线敷设等情况还是需要由水务局等部门来调查。

一般情况下，新引入或重新引入供水管道的费用由委托人承担。下文总结了引入管的注意事项，不过，考虑到地域差异，施工前还请与当地政府部门确认。

❶ 宅基地内没有引入管的情况

应从干管（配水管网）新设引入管。费用根据从宅基地到埋设有配水管网的道路的距离、道路种类、道路宽度、道路交通量、配水管网的埋设位置（是否在道路靠近宅基地的一侧）等情况而定；由于道路管制方式不同、引入管的总长度不同，所以应进行单独评估。

❷ 宅基地内有引入管的情况

应向水务局确认现有管道的材料和管径。如果是铅管等旧材料，应先将其拆除，再重新设置引入管。如果现有引入管管径为 13 mm，应将其拆除并替换为管径为 20 mm 的新管。13 mm 的管径是过去的标准，考虑到现在的生活方式和设备状况，从供水压力的角度来说，并不推荐使用 13 mm 管径。此外，也有根据引入管管径确定水龙头数量的地区，以及须义务设置 20 mm 以上管径引入管的地区。

③ 其他

- 如果将现有的两块宅基地并为一块使用，宅基地内会有多个引入管。对于这种情况，原则上应该只保留一根引入管来使用，其他全部拆除。这项费用也由委托人承担。
- 对于两代人合住的住宅或三层住宅的情况，考虑到水龙头数量与供水压，有时需要变更引入管的管径（从 20 mm 变为 25 mm）。在有些地区，必须设置加压泵才能满足住宅三楼的回水需要。
- 对于两代人合住的住宅按每户分别计算水费的情况，应引入两根供水管，并分别安装水表。
- 对于新引入的水管，有些地区可能会收取新加费用，请事先确认这种情况。一般情况下，当水表口径不同时，新加费用也会有差异，所以变更水表口径就会产生费用差。

供水装置的管理区域划分示例

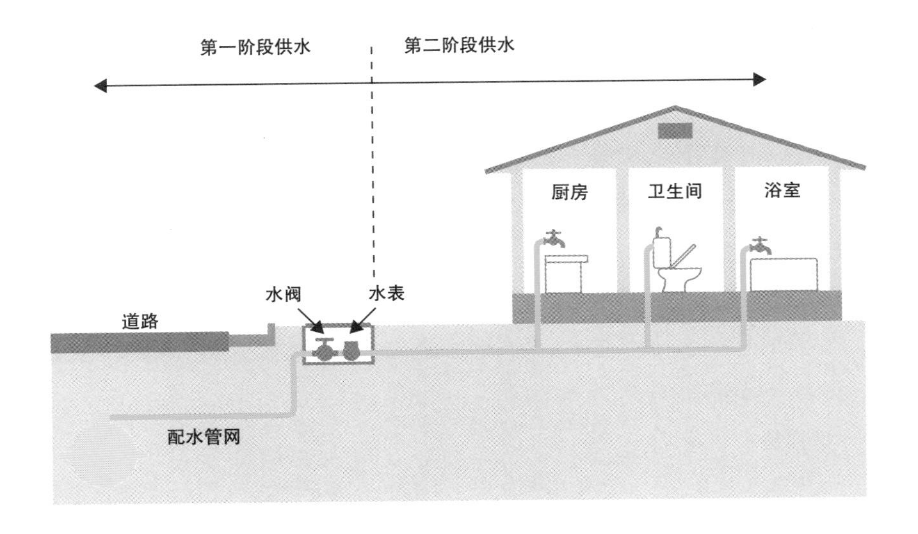

2 管道材料与施工方法

本小节的主要内容是供水工程的必要材料和施工方法。供水管道的维护管理请参考第 16 页。

❶ 管道材料

通常情况下，室外供水管道的材料是 HIVP（耐冲击硬质聚氯乙烯管）。普通的 VP（聚氯乙烯厚壁管）的耐冲击性较弱，在施工时或低温情况下可能发生破损。所以，HIVP 材料可以说是 VP 材料的强化版。

室内的管道材料是比 VP 管更轻、柔性更强、耐冲击性也更强的架桥聚乙烯管或聚丁烯管。

❷ 施工方法

从防破损、防冻的角度出发，室外管道的敷设深度至少应达到 300 mm。请以此为基础进行设计。

室内管道敷设方法有先分歧法（传统方法）和总分歧法。传统的先分歧法使用弯头管或三通管等转换接头，从主水管以树枝状向各用水设备供水。总分歧法如右图所示，是在盥洗室的地下检查口等便于维护的地方安装供水或供热水的总接头，从总接头向各个设备分支直接供水。两者中，总分歧法是现在的主流方法，这一施工方法的主要优点如下。

- **施工性**

传统方法是用分支管将一根主水管与各用水设备连接起来，所以会产生很多连接点。而总分歧法就不用那么多连接点。因此，施工时不需要特殊工具或熟练工，漏水风险也降低了。

- **更新性**

从构造上来说，供水管被安装在护套管中，所以在水管更新时只需要替换供水管，不会损伤房屋构造。

- **舒适性**

与传统方法相比，同时使用多个水龙头时的流量变化更小，并且能够减少等待热水的时间。

总分歧法示意图

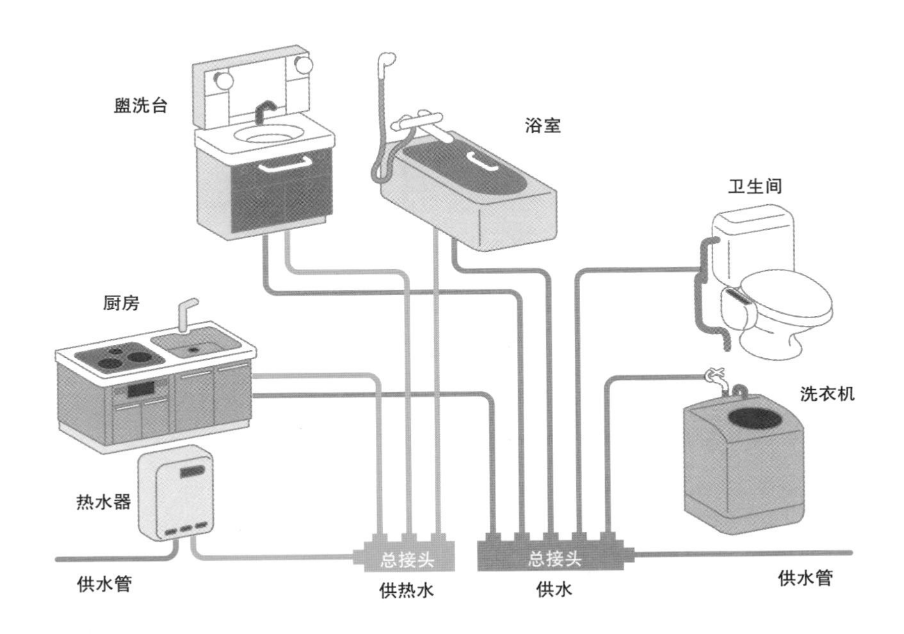

（出处：细田工务店 https://www.hosoda.co.jp/quality/technologies/performance/endurance/l）

2 排水设备

1 合流式与分流式

需要排放的水包括雨水、卫生污水和其他生活污水。卫生污水是指从卫生间排出的含尿的废水，有别于从厨房、盥洗室或浴室排出的其他生活污水。

根据处理方式不同，公共下水道分为将各种生活污水与雨水共同处理的合流式下水道，以及将生活污水与雨水分开处理的分流式下水道。不同地区使用的处理方式是不一样的。在开始规划排水设备之前，应确认宅基地所在地区使用的是哪一种处理方式。接下来总结一下两种处理方式各自的优缺点。

❶ 合流式下水道

在没有下水道的年代，日本的卫生污水一般被舀出来处理，雨水和其他生活污水则是被直接排到街边的排水沟或河里。这成为河水与海水水质污浊的原因。

在那之后，东京等大城市率先铺设了下水道。但由于道路狭窄，有时无法分开铺设污水与雨水两条管道，所以主要铺设的还是合流式下水道。这种做法的建设费用低廉，但污水处理费用增加了。另外，当降水量超过下水道和处理厂的承受能力时，部分污水会流入河流或大海中。

日本在平成 15 年（2003 年）修改了下水道法施行令，规定 170 个中小城市、21 个大城市分别在平成 25 年（2013 年）和令和 5 年（2023 年）之前制定一定的改善对策，并从平成 19 年（2007 年）开始每年公布进展情况。

❷ 分流式下水道

现在全日本 80% 以上地区铺设的是分流式下水道。污水管和雨水管两根管道沿着道路敷设的建设费用较高，附着在路面上的污垢也有可能和雨水一起排入。但是污水处理费用更低廉了，并且，污水不再会流入河流或大海中。

❸ 室外排水工程

不论公共下水道的处理方式是哪一种，宅基地内都应该采用雨水与污水管道分开的分流式处理法。作为管道布局的基础，在雨水管和污水管交叉处，应将污水管设置在下方、雨水管设置在上方。另外，在雨水管和污水管并行的地方，原则上来说，应将污水管设置在靠近建筑物的一侧。

合流式下水道与分流式下水道的区别

管道布局的基础

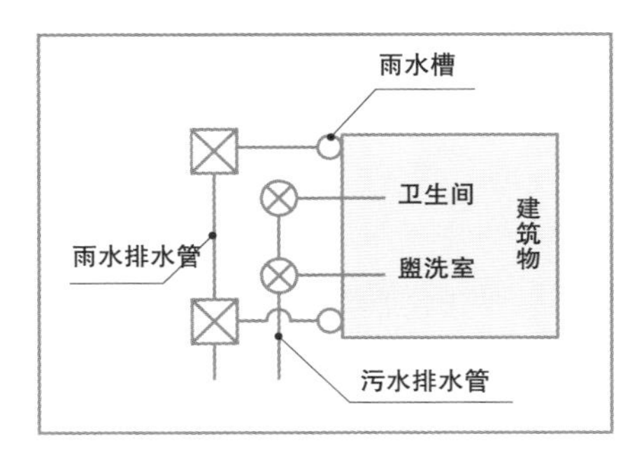

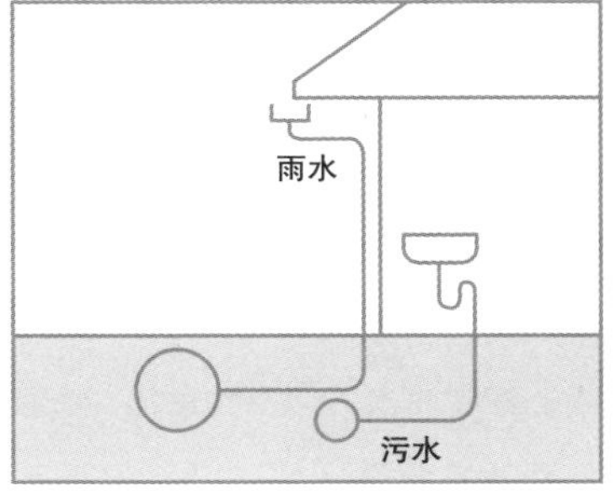

2 雨水排水设备

雨水排水设备是将落在宅基地内的雨水向外排放的设备。进行施工时，应该确认作为排水终点的道路侧沟或公共排水井的底部高度。在宅基地比道路低等不具备排水条件的情况下，应抬升宅基地的水平高度。

❶ 排水管坡度设计

当排水管管径为100 mm时，其坡度应大于1/100（部分地区应大于1/50），覆土厚度应大于200 mm。排水井应设置在距离不超过120倍管径的范围内（公共排水井与住宅结束井之间的距离应在60倍管径以内），或设置在管道的拐弯处。排水井流入口到流出口的落差为20 mm。

宅基地中的结束井的沉泥槽深度应在150 mm以上，并定期对其进行泥垢清除等维护工作。排水管材料通常使用VP（聚氯乙烯厚壁管）或者比VP管厚度更薄的VU（聚氯乙烯薄壁管）材料。

❷ 雨水井设置

对于落在屋顶上的雨水，需通过天沟和立管收集到雨水井中，然后通过排水管排向宅基地外。对于落在庭院中的雨水，虽然没有必要进行特别处理，但如果庭院排水不良，或者铺设了瓷砖等没有渗透性的材料，这些情况下应该设置雨水井，并向最近的排水沟倾斜以排出雨水。

设置雨水井需要注意的是，当井盖上方可能有车辆通行时，应该根据车辆的重量选择井盖的样式。另外，考虑到美观问题，雨水井应避免设置在显眼的位置，比如靠近玄关的地方等。难以做到这一点的话，可以使用隐形井盖等不会过于显眼的样式。

❸ 自然环境友好型设备

- **雨水渗透井**

雨水渗透井是使雨水渗透进地面的设备，不但能通过控制流向河道的水量和流速来抑制河水的突发性泛滥，还能通过雨水汽化吸热达到抑制热岛效应的效果。

- **雨水收集箱**

收集的雨水能用于灌溉以节省水费，也能在发生灾害时作为卫生间用水的补给来使用。而且，在部分地区设置的雨水收集箱，能减轻突发暴雨造成的雨水排水管溢出的风险。

雨水排水管坡度计算公式（参考公式）

（当公式右侧大于 D 值时，应采取抬高宅基地的对策）

$$D \geqslant (1/100 \times L)+[20 \times (A-1)]+300$$

20：排水井出入口落差
300：起始排水管底边高度
D：结束井的排水管底边高度
L：结束井到起始井的距离
A：井的数量（沉泥井不计在内）

雨水渗透井示例

渗透井能促进雨水的渗透，但也因此受到一些制约，比如可能会影响周围的建筑物、无法设置在陡坡地形上等。不过，有些地区会为修建雨水渗透井发放补助金以表支持。

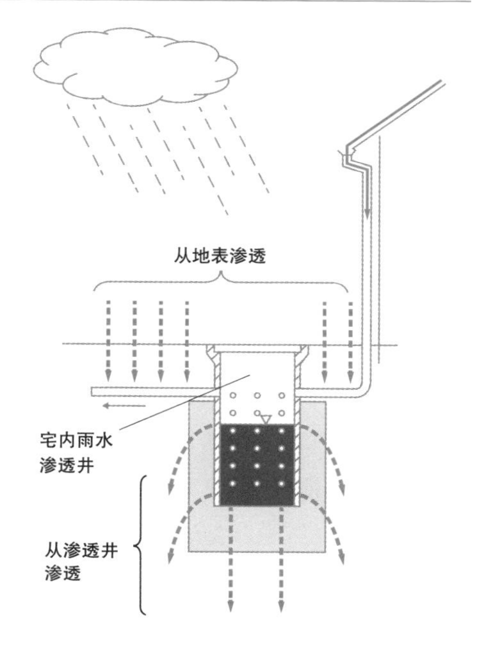

（出处：兵库县主页 平成 27 年 (2015 年) 伊丹市 工作状况
https://web.pref.hyogo.lg.jp/hnk09/documents/05-06itami.pdf）

3 污水排水设备

污水排水设备是将卫生间污水和浴室等房间排出的其他生活污水通过排水管和污水井（沉泥井）连接到宅基地中公共排水井的设备。除了沉泥井不需要井内落差外，污水排水管的坡度、井的设置标准等几乎与雨水排水设备相同，所以此处不再赘述。

❶ 便于维护的管道规划要点

在日本，住宅性能维护管理等级是评价排水管和燃气管是否易于检查、清洁和维修的方式。最高等级为第三级，是长期优良住宅的认定条件。

第三级的标准是“为了便于维护管理，在管道口和检修口等位置专门采取了措施”。具体而言，想要在避免损伤结构和施工材料的前提下方便快捷地进行检查、清洁和修补的话，应采取以下策略。

- **管道敷设方法：** 除了基本的竖管等贯通性的管道，不要把其他部分的管道埋进混凝土中，应该采取管坑法（右图）。
- **地下管道：** 不要在地下管道上方（除了外层的碎石混凝土外）浇筑混凝土，应该采取套管法（右图）。
- **便于清洁排水管的措施：** 设置清洁口或者可清洁的存水弯。
- **管道检修口设置：** 在设备与管道的接口处、给排水管或燃气管的阀门和接头、排水管的清洁口设置检查口。

❷ 其他要点

- **通气管的设置**

通气管对于排水的通畅、存水弯水封的保护、排水管道内的换气而言是不可或缺的。特别是在二楼以上设置有卫生间的时候，排水管内压力巨变可能会引发危险。这种情况下必须要设置通气管。

- **卫生间管道注意事项**

从卫生间排水管设置水封加以保护的角度看，卫生间管道管径更推荐采用 100 mm 而不是 75 mm。

另外，请勿在卫生间排水管道中设置存水弯。

- **避免双重存水弯**

为了防止与排水管直接相连的洁具散发恶臭，原则上应该给洁具设置存水弯。但为了保证其他存水弯的水封保护和污水的顺畅流动，请避免设置双重存水弯。

便于维护管理的管道敷设方法

设置管坑

为了避免将管道埋入混凝土，在外围设置管坑是十分有效的。

套管法

当难以设置管坑，只能将管道埋入混凝土时，应采取便于维护管理的套管法。

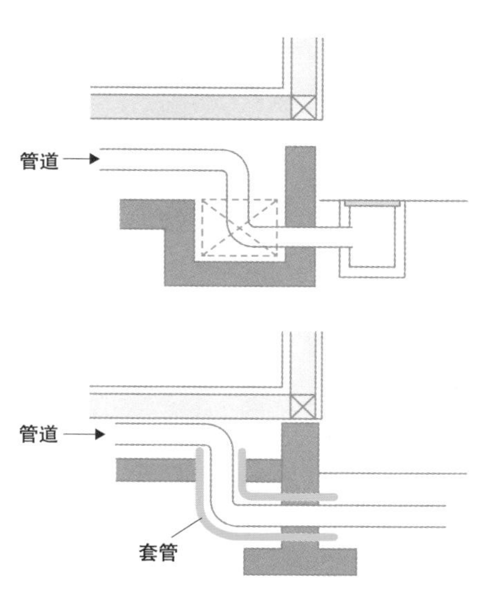

（出处：holmes 先生 简单易懂的木构造 https://jutaku.homeskun.com/legacy/kouzou/seino_hyoji/iji_kanri/index.html）

4 净化槽的设置要点

在未设置公共下水道的地区，卫生污水和其他生活污水是经过净化槽处理后，再排向最近的雨水井或道路侧沟的。这种情况下应确认排水管的起点、净化槽流入口和流出口的高度，以及排放终点的高度。为了能够顺畅排水，应根据需要调整净化槽的埋设深度。

❶ 关于种类与规格的选定

由于单独处理净化槽只能处理卫生污水，目前日本只允许设置既能处理卫生污水，又能处理其他生活污水的合并处理净化槽（右图）。

净化槽的尺寸并不由家庭成员数量决定，而是取决于住宅的大小。面积未超过 130 m^2 的住宅应选择 5 人规格的净化槽，超过 130 m^2 的住宅应选择 7 人规格的。对于两代人合住并且分别设有厨房、浴室的情况，应选择 10 人规格的净化槽。

❷ 关于净化槽的性能

针对净化槽有如下规定：作为排水水质技术标准的 BOD（生化需氧量）的去除率应在 90% 以上；排放水的 BOD 应在 20 mg/L 以下。如此便能达到与污水处理厂二次处理相同的效果。

❸ 关于维护管理

净化槽管理者（若是独栋住宅，管理者便是住宅所有者）有维护检查、清洁、法定检查三项义务。如果将维护检查和清洁委托给专业人员，要明确单次检查或清洁的费用和内容，以及每年的实施次数，以免发生纠纷。

法定检查是净化槽开始使用后在 3 到 8 个月内进行的 7 项检查，以及从第二年开始的每年进行一次的 11 项检查。法定检查的执行者与维护检查的专业人员不同，是各行政区政府指定的检查机构。

合并处理净化槽的结构

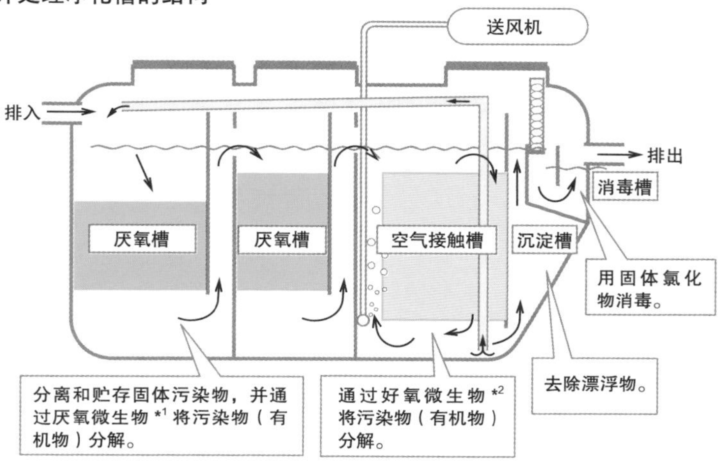

注：*1 厌氧微生物：在缺少溶解氧的水中生长的微生物

*2 好氧微生物：在富含溶解氧的水中生长的微生物

（出处：环境部门 净化槽网站 https://www.env.go.jp/recycle/jokaso/data/manual/pdf_kanrisya/chpt3.pdf）

净化槽上方有车位时的情况

接受过日本建筑中心（一般财团法人）强度评定的净化槽有时可以省去加固工程。

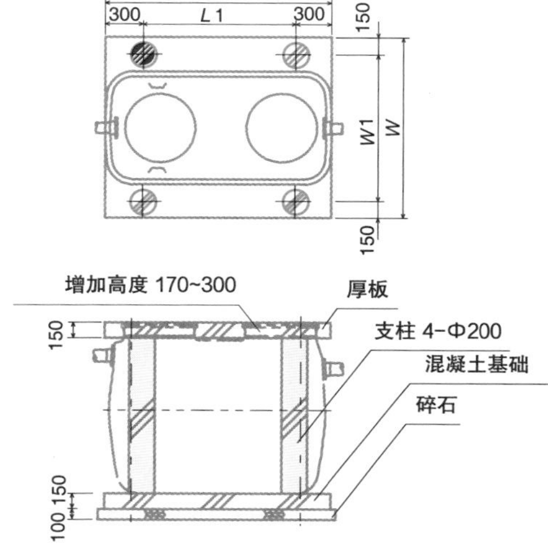

（出处：环境部门 净化槽网站 https://www.env.go.jp/recycle/jokaso/data/manual/pdf_kanrisya/chpt3.pdf）

④ 净化槽设置要点

为了避免将住宅的负荷施加在净化槽侧面，请远离建筑物或墙壁设置净化槽。难以做到这一点时，建筑物基础应做成深基础，并采取将净化槽用防护壁保护起来等对策。另外，为了美观，请避免将净化槽设计在入户通道等显眼位置。

当净化槽上方可能有车辆通行时，应浇筑碎石混凝土对净化槽四角进行加固。若在高水位地区或积雪较厚的时候设置净化槽，请对应采取防止槽体上浮和防积雪的对策。

净化槽必须配备有送风机这种为净化槽内的微生物供给氧气的装置。送风机可能产生噪声和震动，所以请设置在距离建筑物 20 cm 以上、不与基础直接接触的位置。另外，还应浇筑室外防水混凝土。

⑤ 申请与补助金

不仅是在设置净化槽的时候，废除、更换净化槽时也必须申报。很多地区对没有公共下水道的地方，或者是有公共下水道但维修时间很长的地方设立了补助制度。申请手续应该在开工之前办理。

净化槽设置示例

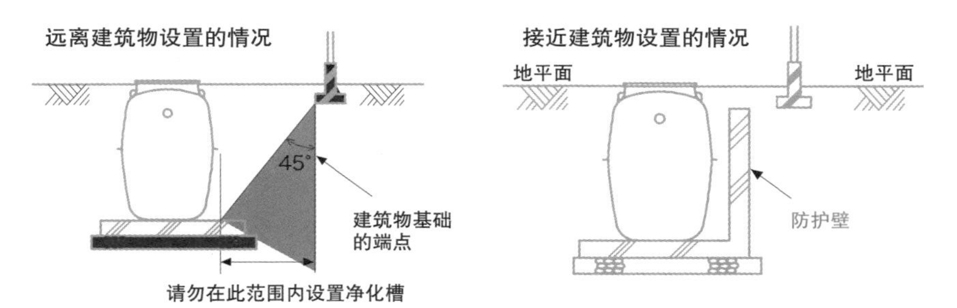

（出处：环境部门 净化槽网站 https://www.env.go.jp/recycle/jokaso/data/manual/pdf_kanrisya/chpt3.pdf）

高水位地区净化槽设置示例

当地下水位较高时，应采取防止上浮的对策。

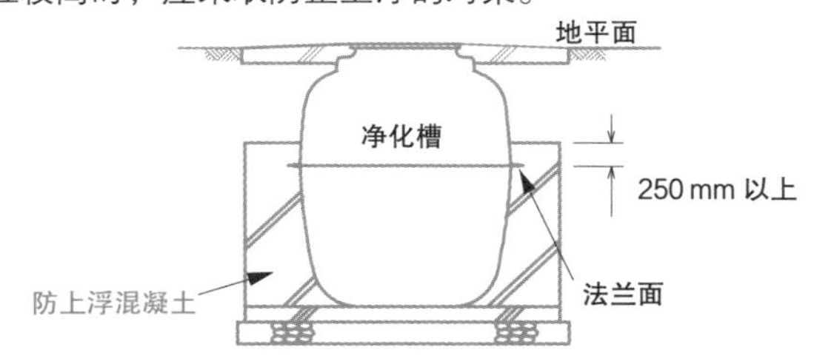

（出处：环境部门 净化槽网站 https://www.env.go.jp/recycle/jokaso/data/manual/pdf_kanrisya/chpt3.pdf）

送风机设置示例

送风机设置在便于维护检查的位置、远离檐下等可能淋到雨水的位置、远离卧室和起居室等房间的位置比较好。

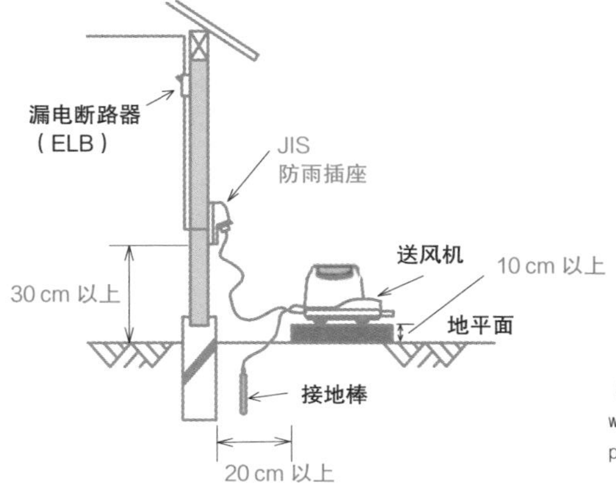

（出处：环境部门 净化槽网站 https://www.env.go.jp/recycle/jokaso/data/manual/pdf_kanrisya/chpt3.pdf）

02 电气设备

电气设备分为通过电线杆向宅基地或建筑物引电，并供电到配电箱的室外电气设备，以及从配电箱向各个电器、照明设备、插座供电的室内电气设备。

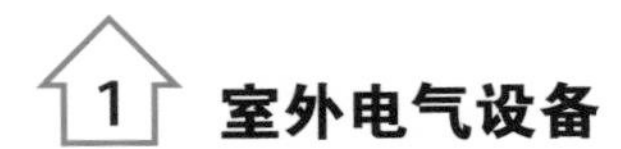

1 室外电气设备

1 引电方法与用电协议

❶ 电力引入方式

一般住宅的引电方式是：电力通过低压配电方式，被电线杆上的变压器降低电压，并引入宅基地内，再通过电能计量表向住宅内的配电箱供电。

向宅基地内配电的方法有设置专用电线杆引电、通过地下管线配电至建筑物内的方法（右图），以及通过建筑外墙直接向建筑物内配电的方法。如果建筑物距离道路较远，或者希望建筑物外观整洁、不想损伤建筑外墙，那么前种方法更合适。如此一来，在设置了电线杆的马路上就能快捷地完成电表检查或数据读取，还便于维护。

但是，电线杆需要额外的费用，还可能在狭小场地中显得碍事，或是妨碍停车。而且，现在随着智能仪表的普及，直接从电表读数的必要性逐渐降低了。

❷ 配电方式

在日本，引电的配电方式有单相三线制 200/100 V 和三相三线制 200 V。一般住宅采用的主要是单相三线制 200/100 V，并通过配合使用两根相线和一根中性线来使用 100 V 电和 200 V 电。100 V 对应电灯和插座，200 V 对应 200 V 电压的空调等电器。

若要使用空调等大型电器，应用三相三线制 200 V 配电。

❸ 用电协议

在日本，基本电费的设定随着电力市场的自由化变得多种多样了。除了最低电费制和安培制，也有新的电力公司售卖不设基本费用的方案。

对于安培制这种设定了基本费用的情况，以尽可能低的数值来签约是比较划算的。但如果超额使用，断路器会自动切断电路。根据冬天同时使用的电器的最大耗电量来计算的话，比较推荐签约 50 A 的方案；如果是全电气化住宅或两代人合住的住宅，推荐签约 60 A 以上的方案。

通过电线杆引电的管线敷设示例

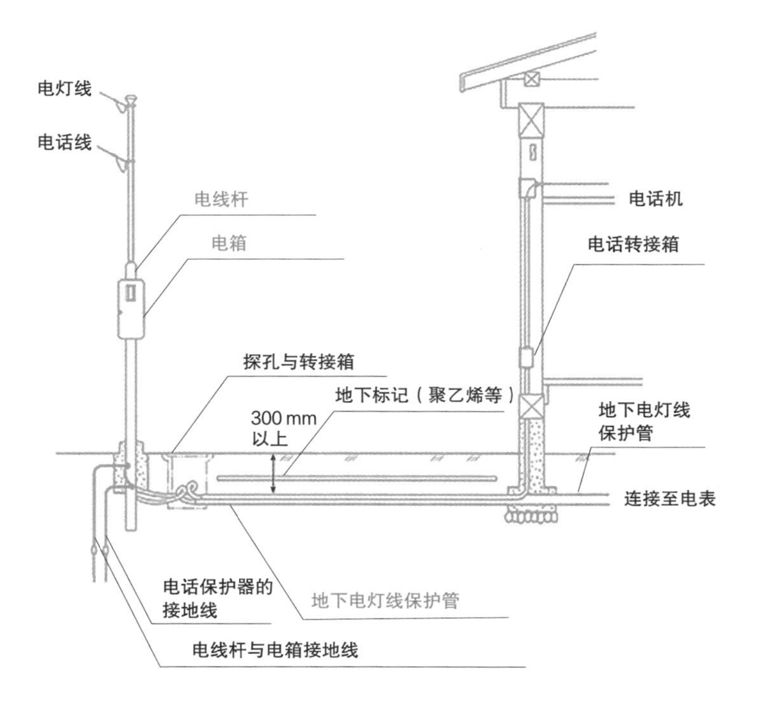

（出处： 松下电器股份公司 https://www2.panasonic.biz/ls/densetsu/haikan/sukkiripole/technique/operation.html）

2 地下电缆敷设方法与线缆种类

当从电线杆向建筑物引电时，或是进行室外照明的线路敷设时，都必须进行地下电缆敷设工程。这项工程的进行方式有直接埋设式、管路式和暗渠式。通常情况下，住宅采取的是管路式的施工方法（右图）。

❶ 地下电缆敷设要点

所谓管路式，是将绝缘电线和电缆先用 PF 管（塑料柔性管，是一种穿线管，能自由弯曲，具有柔性）保护起来，再进行地下敷设的方式。在穿线管内不可以设置电线的连接点。

同为柔性穿线管的 CD 管（合成树脂管）不具备难燃性，所以请不要使用这种管。难燃性是指燃烧进行一段时间后火焰自动熄灭的性质。

为了避免受车辆等的影响，敷设深度的标准为 0.3 m 以上。

采取直接埋设式时可能会受到车辆等重物的影响，所以有一些详细规定需要注意，比如：敷设深度应在 1.2 m 以上，应将管线归置在坚固的沟槽等保护措施内。

❷ 线缆的种类

绝缘电线是仅用绝缘材料包覆着导线的电线。如果在外侧再包覆一层保护套管才是电缆（右图）。接下来是对主要线缆种类的收录。

- **聚乙烯醇电缆**

常用作移动式庭院照明和聚光灯的电源线。不能直接埋在地下使用，也不能固定在建筑物上。

- **VVF600 V 聚乙烯绝缘护套扁形电缆、VVR600 V 聚乙烯绝缘护套圆形电缆**

两者均作为一般住宅的室内布线材料而被广泛使用。VVF 常在电器配线的末端使用，VVR 常作为干线使用。可以用木板或衬垫在电缆上方作保护，也可以直接将电缆埋入地下。

- **IV600V 聚乙烯绝缘电线**

聚乙烯绝缘电线是室内布线最常使用的绝缘电线。敷设在地下时需要先用塑料柔性 PF 管保护起来。

- 聚乙烯电线常常作为风扇等可移动电器的电源线来使用。

地下线缆敷设方式的区别

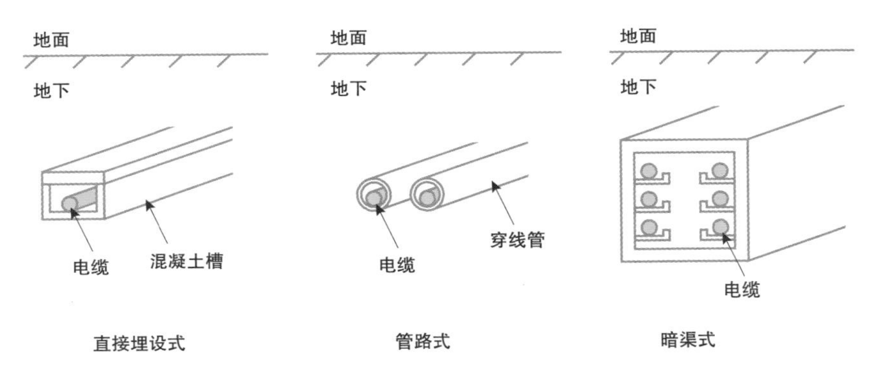

（出处：电气资格与练习 https://eleking.net/k21/k21c/k21c-underground.html）

绝缘电线与电缆的区别

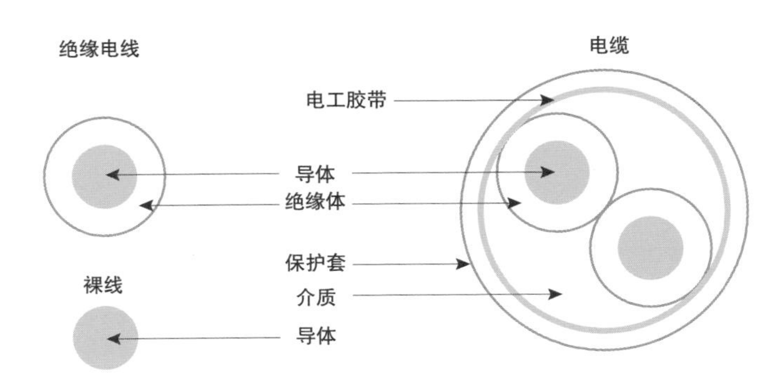

（出处：电材网 https://www.denzai-net.jp/technical/den_technical_d-05.html）

3 配电箱的选择

配电箱汇集了多种功能于一体。比如：将住宅内的线缆分配给各个电器；检测漏电情况并切断电路（漏电断路器）；当用电量超过用电协议数值或超过容许电流时切断电路（电流限制器、过载保护器）等。也有专门的配电箱供全电气化住宅或太阳能发电系统使用。如果需要和电力公司签订安培制用电协议，建议选用带有限流器的配电箱。

❶ 干线容量选择

配电箱的干线容量是用住宅面积计算的。通常情况下，100 m^2 以下的住宅可以选用干线容量 50 A 的配电箱，超过 100 m^2 时最好选用 60 A 的。

❷ 回路数的确定

配电箱的回路数是根据住宅面积和层数算出的一般回路数(插座用、照明用)、高耗能家电的专用回路数以及备用回路数的总和。

一般回路（总建筑面积为 130 m^2 的情况）包括厨房的 2 个插座回路、厨房以外的 5 个插座回路，此处总计 7 个回路。另外，每层还需要 2 到 3 个照明回路，所以一般总共包括 10 个回路。

专用回路对 1 kW 以上功率的电器或者 200 V 的家电而言是必需的。这类电器具体包括智能坐便器、空调、洗碗机、电磁炉、微波炉等。另外，配电箱的专用回路还应加上 2 到 4 个备用回路。

❸ 配电箱的设置场所

应避免把配电箱设置在湿气较重、有漏电风险的场所（盥洗室、清洁间等），或是玄关、起居室等显眼的场所，也不应设置在有障碍物（如货品等）、不便操作配电箱的地方。另外，考虑到紧急情况，还应避免把配电箱设置在能从内部上锁的卫生间中。最后，考虑到可操作性，配电箱的设置高度应为 180 cm 左右。

干线容量（主断路器额定电流）计算示例

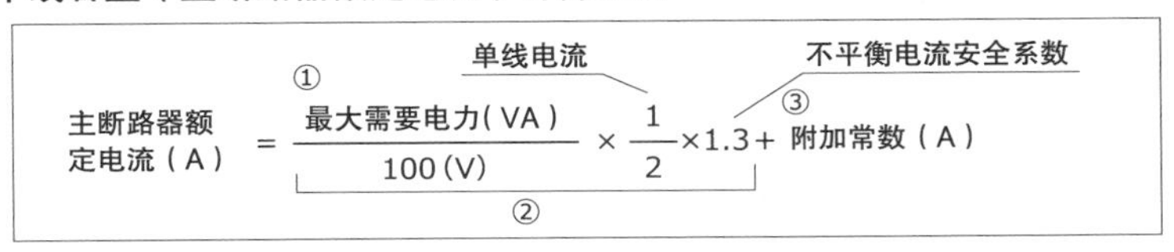

住宅面积 /m²	主断路器额定电流 /A	①最大需要电力 /VA	②平均单线电流 ×1.3/A	③附加常数 /A
50 m²（15 坪 *）以下	30	4000	26.0	0
70 m²（20 坪）以下	40	5000	32.5	0
100 m²（30 坪）以下	50	6000	39.0	5
130 m²（40 坪）以下	60	7000	45.5	5
170 m²（50 坪）以下	60	8000	52.0	5

（出处：河村电器产业股份公司　https://www.kawamura.co.jp/ebook/e_sk42/html5.html#page=447）

一般回路数计算示例

住宅面积 /m²	插座回路数		照明回路数	合计
	厨房	其他房间		
50 m²（15 坪）以下	2	2	1	5
70 m²（20 坪）以下	2	3	2	7
100 m²（30 坪）以下	2	4	2	8
130 m²（40 坪）以下	2	5	3	10
170 m²（50 坪）以下	2	7	4	13

（出处：河村电器产业股份公司 https://www.kawamura.co.jp/ebook/e_sk42/html5.html#page=447）

须设置专用回路的电器示例

使用场所	电器	
起居室	空调	100 V · 200 V
	电暖气	100 V · 200 V
	电热毯	100 V
餐厅	电烤肉板	100 V
	电磁炉	100 V
厨房	电燃气灶	200 V
	洗碗机	100 V · 200 V
	微波炉	100 V
	烤面包机	100 V
	电饭煲	100 V
	电热水壶	100 V

使用场所	电器	
卧室	空调	100 V · 200 V
浴室	多功能浴霸	100 V · 200 V
盥洗室	洗衣烘干机	100 V · 200 V
	吹风机	100 V
卫生间	智能马桶	100 V
其他	电热水器	200 V

（*：1 坪约等于 3.3 平方米，是日本的一种面积计量单位）

2 日本相关的电气法律

与电气相关的法律包括电气安全三大法规。

❶ **电气事业法**

这项法律针对的是从事发电和供电的经营者，目的在于确保电气事业的合理运营，确保公共安全以及保护环境。

❷ **电气用品安全法**

这项法律针对的是制造或贩卖电气用品的经营者，目的在于防范电气用品发生故障或危险。对于有义务获取 PSE 标志（请参考下文）的制品，如果缺少了 PSE 标志，则不得制造、进口或销售。如有违反，制造方和商店都将成为处罚对象。

❸ **电气工程师法**

这项法律规定了电气工程师的资格和义务。目的在于防范工程缺陷导致的灾害。

必须由通过电气工程师法评定认证的电气工程师才能进行的作业包括：电线连接作业、电线与配线器具的连接作业、将配线器具固定在建材上的作业、将电线插入电线管的作业等。

更换带有接线端子的门柱灯等照明器具，或者增设 12 V 的照明器具等作业都属于轻微作业，不属于电气工程师法划定范围内的电气工程。

■ PSE 标志

菱形的 PSE 标志针对的是被称为特定电气用品的、危险等级高且审查严格的 116 种电气制品。圆形的 PSE 标志针对的是其他 341 种电气制品。

100 V 照明器具与 12 V 照明器具的电路结构对比

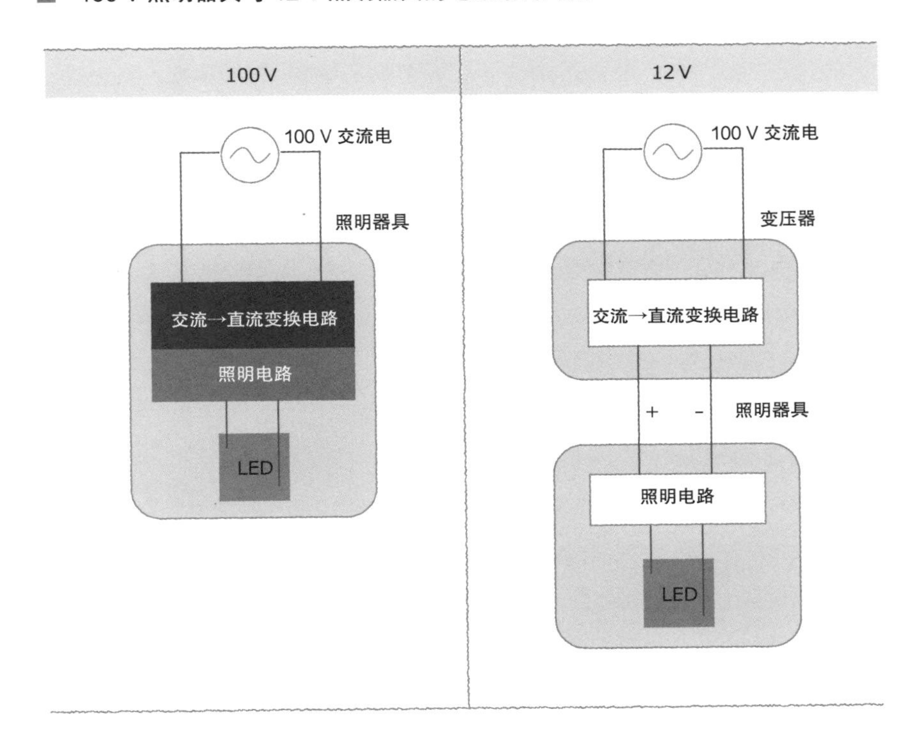

12 V 照明器具的主要特征

- 因为变压器是单独设置的，所以 12 V 照明器具的尺寸会比 100 V 的小一些。
- 如果超出了变压器的容量或布线的长度，灯光可能会变暗或闪烁。
- 应注意变压器和照明器具的连接（注意正负极极性）。
- 无需电气工程师的资格。

3 室内电气设备

住宅照明的基本作用是确保生活的安全性、舒适性和便利性。其中，安全性是指为老人的起居生活、夜间或紧急情况下的移动提供所需的光照；舒适性是指提供让人身心放松的光照；便利性是指在工作用眼时提供适当的光照等。

接下来，将介绍为确保便利性所必需的亮度标准：JIS 照度标准和日本照明器具工业协会（一般社团法人）的“基于住宅商品目录的灯具适用面积标准”。

1 照明设备的光通量与照度

❶ 光通量与照度

在设计照明方案时，应先考虑适合该空间的亮度，再选择照明器具。照明器具的目录登载着与亮度有关的各种信息，以下将按光通量与照度的关系进行整理。

光通量即 1 秒钟内放出的光的量，是衡量照明器具明亮程度的标准。单位是流明（lm）。如果用淋浴打比方的话，光通量就好比是从水龙头中流出的水量。由于制造商的表述差异，有时会按照总光通量（光源的明亮程度）和器具光通量（灯具制品的明亮程度）分开表达。

比方说，总光通量是 400 lm、器具光通量是 200 lm 表示的状况是由于阴影等影响，放出的光的量减少了一半（灯具效率为 50 %）。

照度是被照明物体表面的明亮程度，单位是勒克斯（lx）。用淋浴打比方的话，照度就是单位面积被冲到的水量，所以照射到单位面积上的光通量就是照度（$lx=lm/m^2$）。

JIS 照度标准（右上表格）按照在住宅中的各房间内进行的不同行为，总结了各房间需要的照度，以供您参考。

❷ 适用面积表示标准

日本照明器具工业协会（一般社团法人）的“基于住宅商品目录的灯具适用面积标准”（下表）公布了房间大小和光通量（lm）的关系。该标准记录了在层高 2.4 m 且房间中央设置一个照明器具的情况下，能确保地面达到一定明亮程度的光通量。各照明器具制造商也是根据这张表标识灯具的适用面积的。

JIS 照度标准

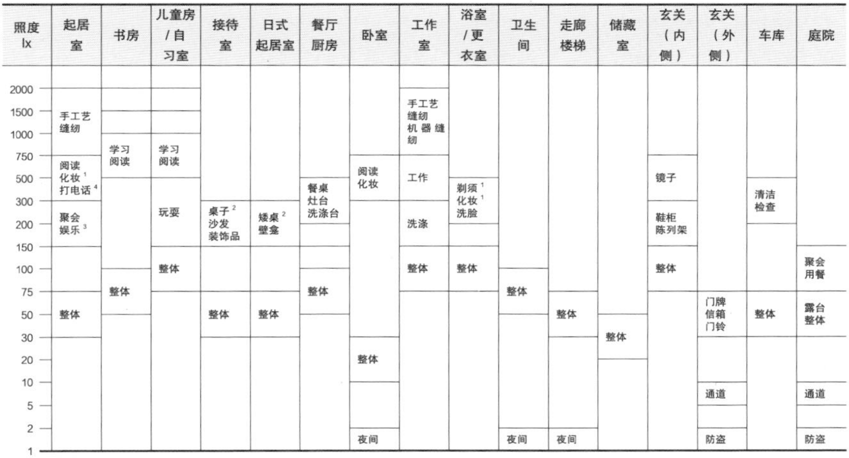

照度 lx	起居室	书房	儿童房/自习室	接待室	日式起居室	餐厅厨房	卧室	工作室	浴室/更衣室	卫生间	走廊楼梯	储藏室	玄关（内侧）	玄关（外侧）	车库	庭院
2000																
1500	手工艺 缝纫							手工艺 缝纫 机器缝纫								
1000																
750		学习 阅读	学习 阅读													
500	阅读 化妆[1] 打电话[4]						阅读 化妆	工作					镜子			
300			玩耍			餐桌 灶台 洗涤台			剃须[1] 化妆[1] 洗脸						清洁 检查	
200	聚会 娱乐[3]			桌子[2] 沙发 装饰品	矮桌[2] 壁龛			洗涤					鞋柜 陈列架			
150																
100			整体					整体	整体				整体			聚会 用餐
75		整体				整体				整体						
50	整体			整体	整体						整体			门牌 信箱 门铃	整体	露台 整体
30												整体				
20							整体									
10														通道		通道
5																
2							夜间			夜间	夜间			防盗		防盗
1																

注：1 主要是与人面对面的铅直面照度。

2 对于整体照明的照度，可以让局部空间更加明亮以营造明暗变化的室内环境，避免照明扁平化。

3 将轻度阅读视为娱乐。

4 在其他房间打电话的行为也可以参考此项照度标准。

备注：1. 最好同时使用基于各房间用途的整体照明和局部照明。

2. 起居室、接待室和卧室最好使用能调光的照明。

（出处：住宅 JIS Z9110-1979 “照度标准” 附表 7-1）

基于住宅商品目录的灯具适用面积标准

	照明器具总光通量（额定光通量）			
	2000 lm	3000 lm	4000 lm	5000 lm
~4.5 帖 *	2200~3199			
~6 帖	2700~3699			
~8 帖		3300~4299		
~10 帖		3900~4899		
~12 帖			4500~5499	
~14 帖				5100~6099

（出处： 日本照明工业协会主页 https://www.jlma.or.jp/akari/led/ceiling.html）

（*：1 帖（1 叠）= 1.62 m^2）

根据以上的表格，当房间大小是 8 帖（约 13 m^2）时，应将光通量保持在 3300~4300 lm 的范围内。如果在同样 8 帖大小的房间中生活着的是老人，或有需要进行比较精细的活动的话，可以选用光通量数值更大的灯具。

2 筒灯配灯要点

❶ 等效于 60 W 的灯具与等效于 100 W 的灯具的区别

LED 筒灯的产品目录中，在额定（器具）光通量和耗电量旁边，还标有“等效于 60 W”“等效于 100 W”的字样。这是指 LED 灯与 60 W 或者 100 W 的白炽灯明亮程度相同。然而，由于额定光通量的不同，不同的灯具制造商生产的“等效于 100 W”的灯具的明亮程度可能有很大差异。

因此，在选择 LED 筒灯的时候，应该以额定光通量而不是等效功率做参考。

根据前述的日本照明器具工业协会（一般社团法人）的“基于住宅商品目录的灯具适用面积标准”，6 帖（约 10 m^2）的面积对应使用的是总光通量 2700 lm 到 3700 lm 的 LED 吸顶灯，也就是说 1 帖（约 1.62 m^2）的面积需要大约 450 lm 到 610 lm 的总光通量。

当等效于 100 W 的 LED 筒灯的额定光通量是 700 lm、等效于 60 W 的 LED 筒灯的额定光通量是 420 lm 的时候，如果选用等效于 100 W 的灯，需要安装 4 到 5 个；如果选用等效于 60 W 的，则需要安装 7 到 9 个。但对于同样 6 帖（约 10 m^2）大小的房间，其空间形状可能各不相同，所以应该根据特定空间形状来布局合适数量的灯具。

如果选用等效于 100 W 的灯具的话，吊顶会因为灯具数量少而显得比较简洁。而对于二层的卫生间这类不太需要亮度的地方，选用等效于 60 W 的灯具就可以了。

❷ 筒灯配灯的注意事项

● 根据吊顶平面图配灯

如果按照家具的布局（即平面图）配灯的话，吊顶可能不会很美观。所以最好按照吊顶的中心线配灯。

● 不要在墙边配灯

在墙边配灯的时候需要注意的是，空调等不需要被光照的家具可能会被照射到。

● 不要间隔过远地配灯

集中布置筒灯的时候，如果间隔太大，会显得过于空旷，不够美观。以250 mm 左右的间隔配灯会更加令人赏心悦目。

● 不要单独配灯

在起居室等宽敞的空间里，只布置一盏筒灯其实是不太美观的，请尽量避免。另外请注意：在电视上面，或者玄关、门厅等空间单独配灯是非常显眼的。

筒灯配灯示例（等效于 100 W 的灯具）

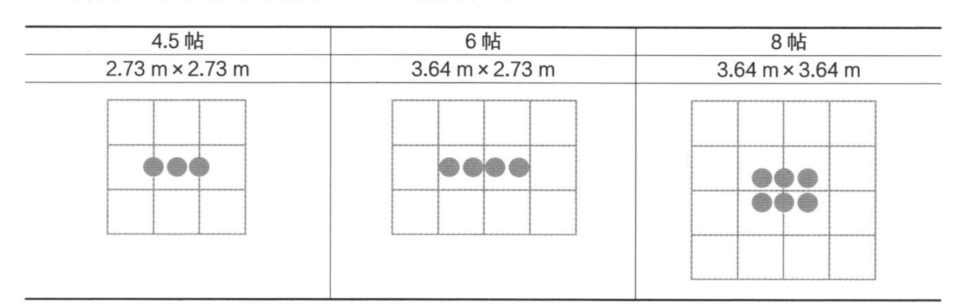

4.5 帖	6 帖	8 帖
2.73 m × 2.73 m	3.64 m × 2.73 m	3.64 m × 3.64 m

若想使用等效于 60 W 的灯具达到相同照度的话，应将灯具数量增加到 1.7 倍。

空调被灯照射到的情况

家具和窗帘也有可能被灯照到。在房间的四角配灯时，需要特别注意这一点。

3 间接照明的设计与施工

❶ 间接照明的定义

间接照明是指利用照明器具发出的光在墙壁、吊顶以及两者之间产生反射光，从而照亮整个空间的照明方法。而建筑化照明是指利用隐藏式光源将照明与建筑一体化的照明方法。

❷ 间接照明的优缺点

优点

- 因为光源不是直接可见的，所以能减少令人不适的眩光。
- 能在视觉上弱化吊顶或墙壁的边角，使空间看起来更宽敞。
- 柔和、温暖的光和渐变效果能使人放松。

缺点

- 会产生凹式吊顶、凸式吊顶和挡板等的施工费。
- 进行一些精细的活动时需要额外的照明，会导致照明器具数量增加。
- 因为需要隐藏光源，吊顶的高度必须相对提升。

❸ 设计与施工的注意事项

- **避免使遮光线过于显眼**

如果光源和受光面相隔一定距离的话，光的边界线会呈现出自然渐变。遮光线是指连接光源和遮光部分的那条直线。

- **将光源隐藏**

也就是避免让人直接看见光源。比如，在起居室出入口上下楼梯的时候可能会看见光源。这种情况下，如果将挡板做得高一些来挡住光源，或许反而会让遮光线变得特别显眼。

- **考虑维护性**

请确认照明器具的更换、清洁等维护工作是否方便进行。

光源的观察方式

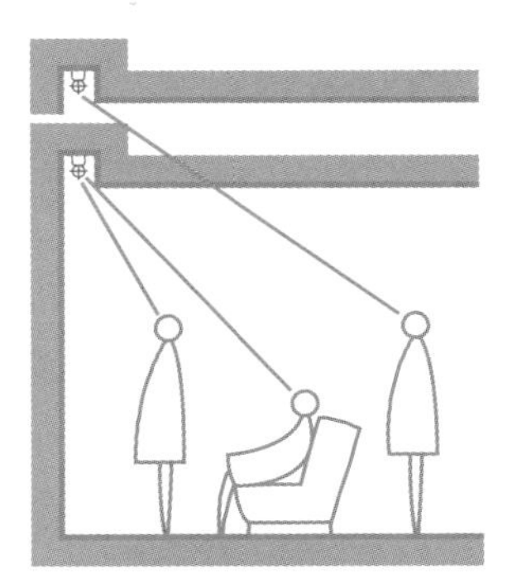

对于间接照明光源，吊顶越高、人离墙壁越近，看得也就越清楚。有的光源布局方式在人站立时是没有问题的，但当人坐下时，则能轻易看见光源。

然而，如果过分隐藏光源，光的延伸性会消失，遮光线会变得很显眼，维护性也会变差。所以，把光源布局在进行日常行为活动时看不见的位置就好。

（出处：大光电气股份公司　https://www2.lighting-o.co.jp/catalog/ebook/DAIKO_LIFE2018-2019/HTML5/pc.html#/page/728）

关于遮光线

如果光源和受光面距离很近的话，遮光线就会以明显的明暗差出现在吊顶上。光源和受光面距离越远，明暗差就越弱，从而形成自然的渐变。

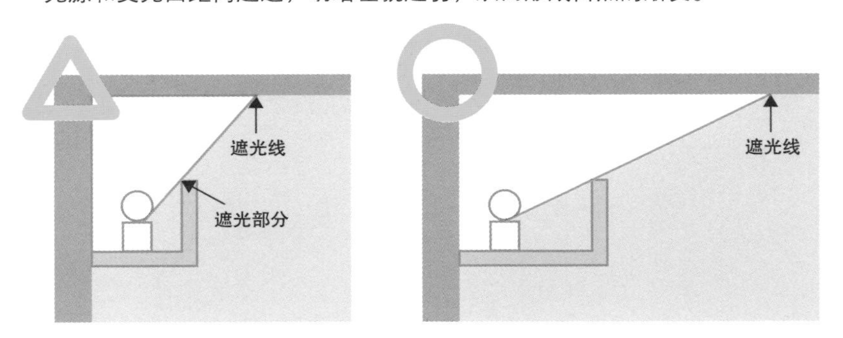

（出处：房屋建造研究事务所　https://iedukuri.web.fc2.com/setubi/light_c.html）

❹ 间接照明的种类

间接照明有很多不同的方法，在这里先说明照亮吊顶的灯槽照明和照亮墙壁的檐板照明。

● 灯槽照明

灯槽照明是用向上的光源照亮吊顶的间接照明方法。对于这种方法，灯具的收纳空间需要通过抬高或降低吊顶的高度来确保。尽可能扩大放出光线的开口（推荐 200 mm 以上）的话，光的渐变色调就会非常漂亮。如果把挡板做到与灯具相同的高度，就能使灯具在视觉上隐藏起来。

请注意其他的照明器具或空调的干扰，以及降低吊顶时门窗和窗帘的干扰。

● 檐板照明

檐板照明是用向下的光源照亮墙壁的间接照明方法。灯具的收纳空间有以下几种处理方式：把收纳灯具的部分吊顶折叠上去；把其他部分的吊顶降低；安装挡板。

一般情况下，灯具收纳空间的宽度为 250 mm，高度为 150 mm，还需要 100mm 的托槽。另外，请将灯具安装在看不见的位置。

想要照亮墙壁，还可以把灯装在床头柜、电视柜或地板下面，以从下方照亮。从侧面照亮墙壁也是可以的。

灯槽照明参考图

收纳灯具的普遍方法为把安装间接照明的那部分吊顶降低。出光口（A）做宽一些比较好，挡板（B）则是取与灯具相同的高度来挡住光源。如果在间接照明下方安装门窗的话，请注意结合高度与宽度进行施工，避免在中间产生缝隙。吊顶材质请选用无光泽的类型。

A ≥ 200 mm 以上比较推荐
B= 灯具的高度
C= 与门窗高度匹配
D=80 mm 左右
E= 与门窗宽度匹配

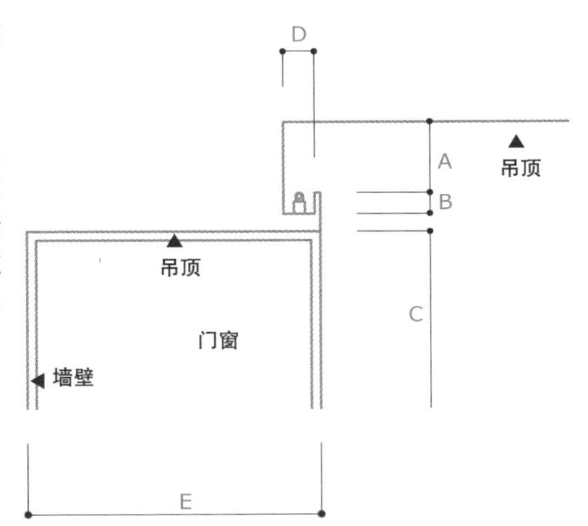

檐板照明参考图

收纳灯具的通常方法为把安装间接照明的那部分吊顶抬高，或是使用挡板。
有直接照亮墙壁的方法，也有如参考图所示的使光线从吊顶内反射到墙壁上的方法。同样地，吊顶材质还是请选用无光泽的类型。

A=150 mm
B=100 mm
C=150 mm

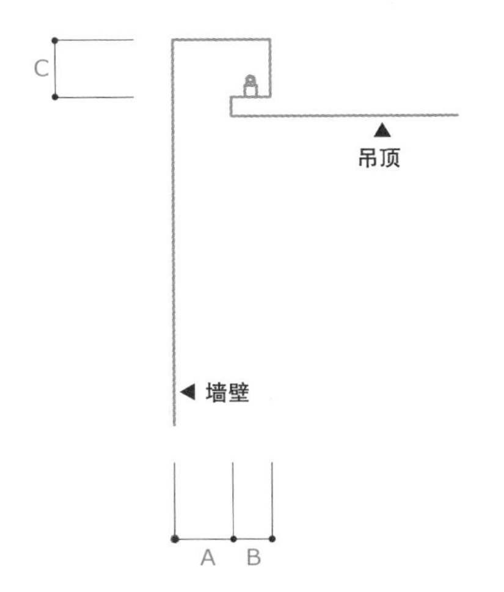

4 插座与开关的布局要点

插座与开关的布局常常成为建新房的失败、后悔之处。如果抱着“交给专业人士就没问题了”的心态，自己不深入思考，往往会产生使用困难或数量不足等后果。接下来，将总结插座和开关的布局要点。

❶ 插座的布局要点

- **配合使用电器的高度**

接下来会按各个空间部分逐一说明具体情况。不过就整体而言，设置插座时如果弄错冰箱、空调、洗衣机等电器的高度的话，不仅用起来不方便，还会影响美观。

- **避免布局在危险场所**

如果把插座设置在家具或冰箱背面等不易拔出电源（难以清洁）的地方，有可能会导致灰尘堆积，从而引发漏电火灾。另外，严禁将插座设置在可能被水淋湿的地方。

- **选择合适的种类**

空调插座有 100 V 和 200 V 之分；家电插座有带接地线的，还有含专用回路的。请选择适合使用的电器插座。

- **设置标准数量的插座**

除了固定使用的电器，还有移动式电器。若按每 2 帖 1 件此类电器来估计，可以在房间的对角均衡地设置两个插座。另外，也有必要预先考虑家具的布局。

- **避免引人注目**

请避免将插座设置在玄关对面这种显眼的地方。对于和室米色、木质的墙壁来说，可以选择褐色之类的与墙壁同色系的插座。

- **便于老人使用**

布局插座的标准高度是高于地面 250 mm。但对于老人房，可以把插座设置在轮椅使用者方便操作的高度（高于地面 400 mm）。

插座设置高度示例

家电制品	推荐高度 / mm		插座配置			
			100 V	200 V	接地	专用回路
冰箱	高于地面 1900	经常能看到的位置	●		●	
洗衣机（滚筒式）	高于地面 1100	高于洗衣机 200 mm	●		●	●
洗衣机（全自动）	高于地面 1300	高于洗衣机 200 mm	●		●	●
壁挂式空调	高于地面 1900	能使电源线比较短的位置	●	●	●	●
桌子（上方）	高于地面 800	电源线可能会碍事	●			
桌子（下方）	高于地面 250	需要在桌子上设穿线孔	●			
吸尘器	高于地面 400	容易拔电源的高度	●			
老人房	高于地面 400	轮椅使用者也能操作的高度	●			
标准高度	高于地面 250		●			

漏电火灾发生机制（普通插头的情况）

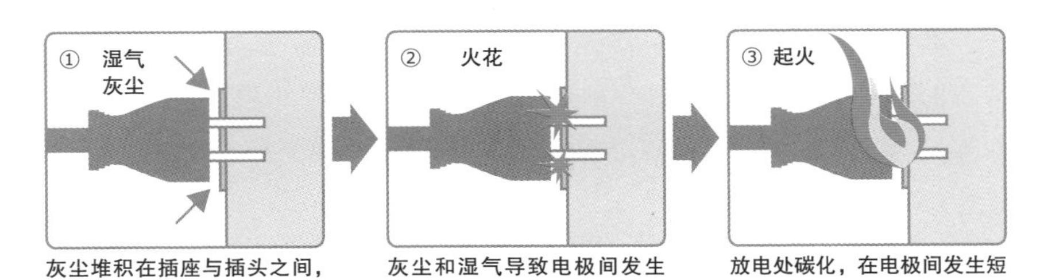

灰尘堆积在插座与插头之间，并吸收湿气。

灰尘和湿气导致电极间发生微小的放电。

放电处碳化，在电极间发生短路，进而发热、起火。

❷ 开关的布局要点

● 配合人的动线布局

可以在楼梯、起居室等有多个出入口的地方设置三控开关或四控开关，方便控制房间的灯具。但请勿把开关设置在门扇合页一侧等妨碍行动的位置。

● 避免设置在危险场所

对于楼梯之类的有高差的地方，如果无法在其起始位置操作开关的话，是非常危险的。

● 选择合适的种类

发光开关能发出红光，让人在黑暗中也能确认开关的所在位置。指示灯开关则会在阁楼收纳间或门灯等灯具开着的情况下发出绿光，以防人们忘记关闭电源。

在卫生间、玄关、楼梯这类短时间停留（通过）的空间设置人体感应开关的话，可以省去手动操作的麻烦。

● 避免引人注目

请避免将开关设置在玄关对面这种显眼的地方。与插座的处理方式类似，可以选择与墙壁同色系的、不会过于引人注目的开关。

● 便于老人使用

设置开关的标准高度是高于地面 1200 mm。但针对老人房，以及卫生间、盥洗室、浴室等有水房间，可以把开关设置在轮椅使用者也能方便操作的高度（高于地面 1000 mm）。

危险的开关设置示例

楼梯照明的三控开关是根据开灯而非关灯的操作来设置的。A 点离梯段很近，在这里操控开关是很危险的。而相较于 B 点，在 C 点的位置打开楼梯照明能使下楼梯更安全。

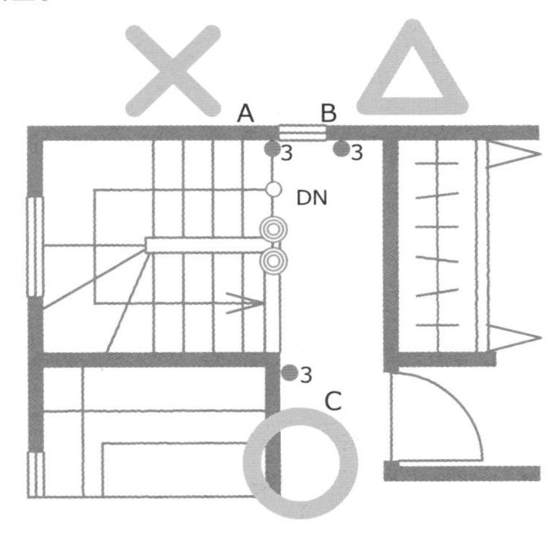

不方便使用的开关设置示例

该案例在各个出入口方便使用的地方设置了三控开关。一个开关在室外、一个在室内的话，脱衣服的时候有可能误触开关。像这种狭小空间，即便有多个出入口，设置一个开关（浴室隔间入口为★标记处）也足够了。

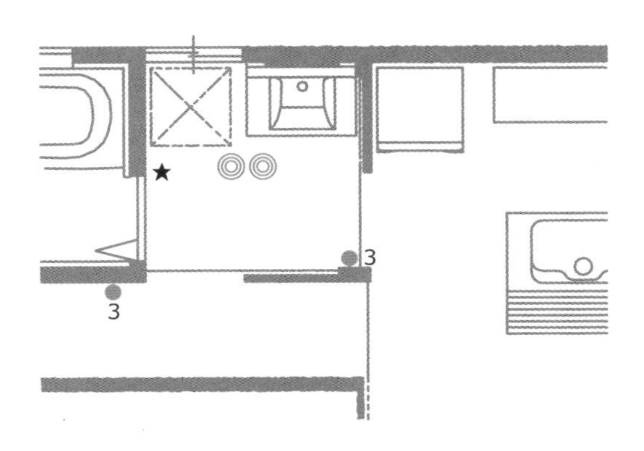

03 暖通设备

1 换气设备

1 室内空气污染对策与24小时换气设备

● 室内空气污染引发的疾病与对策

住宅的高度气密化、化学物质的扩散、建材与装修材料的使用都有可能造成室内空气污染，并导致居住者出现各种健康问题。

为了应对这一问题，从2003年7月开始实行的有关室内空气污染对策的法规，对防蚁材料中的氯吡硫磷和合成树脂、黏合剂中的甲醛这两种化学物质进行了限制。具体来说，法规禁止在有起居室的建筑物中使用氯吡硫磷，限制使用会挥发出甲醛的室内装潢材料，要求设置无间断换气设备（24小时换气设备），限制了吊顶上方的空间等。

● 24小时换气设备

24小时换气设备指的是用机械强制换气的系统，而不是依靠开窗进行的换气。按规定，即便只使用了日本JIS标准和JAS标准中F☆☆☆☆级别的、甲醛挥发量很低的建材，也应确保住宅房间内至少0.5次/小时的换气量。如果使用了F☆☆☆☆级别以外的建材，则需要遵守建材使用面积限制等更加严格的制约（右表）。

2 机械换气设备的换气方式

机械换气有以下三种方式：机械送风排风、机械送风、机械排风。住宅主要采用第一种和第三种换气方式。

无间断换气设备的形式

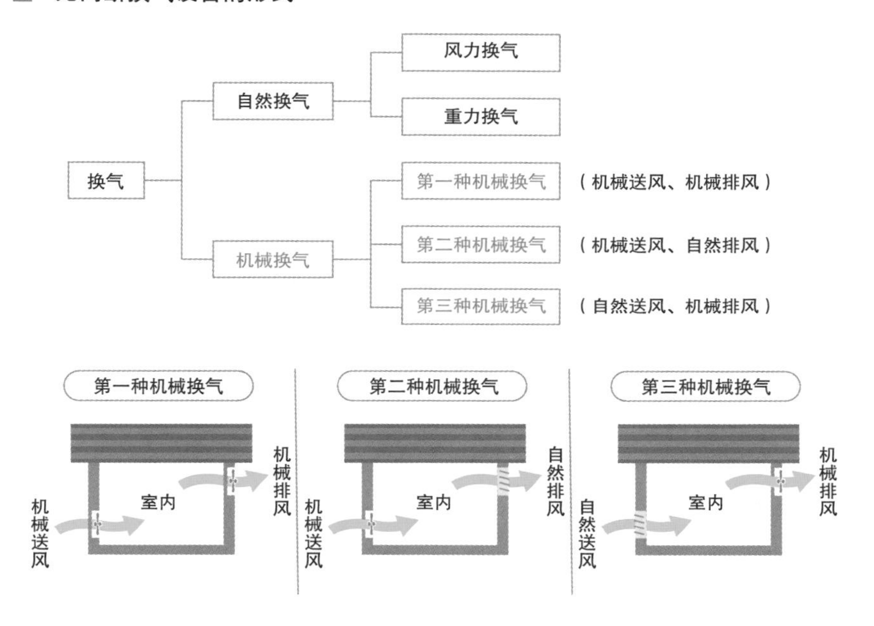

基于甲醛挥发速度等性质的建材分类

等级划分	不属于限制对象	第三类	第二类	第一类
表示方法	F ☆☆☆☆	F ☆☆☆	F ☆☆	
甲醛挥发速度 /（$\mu g/m^2h$）	5 以下	5~20	5~120	120 以上
甲醛挥发量 /（mg/L）	0.12 以下	0.12~0.35	0.35~1.80	1.80 以上
使用限制	无使用限制	使用面积上限为 2 倍地面面积	使用面积上限为 0.3 倍地面面积	禁止使用

（出处： 大阪屋商店 https://www.kk-osakaya.com/blog）

❶ **第一种换气方式**

送风与排风都利用机械强制进行的方式

❷ **第二种换气方式**

送风利用机械进行，排风通过排风口自然进行

❸ **第三种换气方式**

排风利用机械进行，送风通过送风口自然进行

第一种换气方式的送风与排风都由机器进行，换气效果好。如果换气系统包含热交换功能的话，冷暖气的效率也会变高。但是，这样会使吊顶上方、地板下面以及管道空间中管道敷设的费用和换气系统的费用都比较高，还可能使房间布局受限。另外，换气系统越复杂，维护性就越差。

第三种换气方式不需要通风管，只需要在卫生间或浴室装配24小时换气扇，所以成本很低，维护起来也很方便。但是选用这种方式时，换热器的设置会变得比较困难，冷暖气的效率也会降低。

3 第三种换气设计的要点

本小节将介绍24小时换气系统中基本的第三种换气方式，并总结其设计上的要点。

❶ **送风口设置要点**

请在各房间设置送风口（Φ100）。当住宅布局为一居室时，除了起居室和餐厅外，请在厨房设置带压差传感器的送风口（Φ150）（参考第128页）。

送风口的设置位置最好选在不怕气流影响、不显眼的地方，但不要选在家具内侧等难以维护的地方。另外，设置送风口时，除了考虑室内的视觉效果外，还应兼顾到住宅的外观。

第三种换气系统设计示例

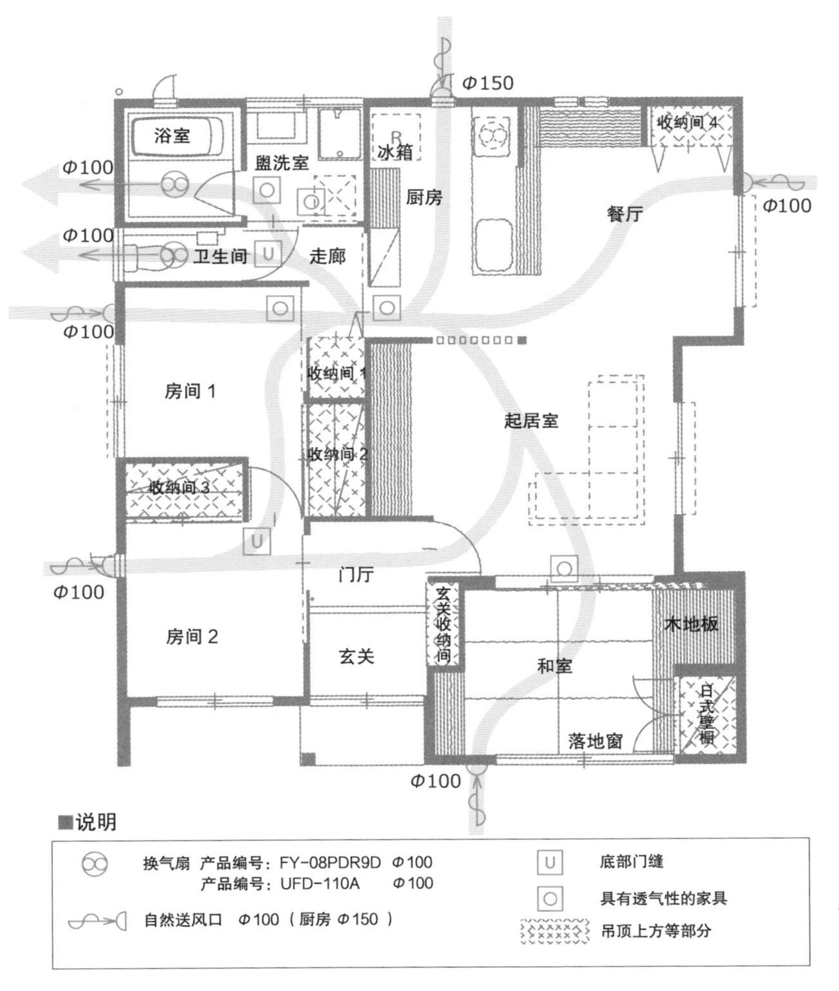

受室内空气污染法规限制的建材的使用区域：

・以下位置在装修时应使用室内空气污染法规中 F ☆☆☆☆级别的建材：吊顶、墙壁、地板、内饰、厨房、盥洗台与化妆台、吧台。

・吊顶上方等位置均应使用第三类建材。

❷ 换气扇设置要点

计算房间容积（地面面积 × 吊顶高度）的时候，应把起居空间和作为换气路径的走廊、卫生间、浴室等房间都计算在内。换气扇每小时的换气量应设置为房间容积的 50% 以上。

并非一定要把换气路径以外的收纳间等空间算入房间容积。但如果保守计算的话，建议把这种空间也计算在内（保守计算地面面积 = 各层地面面积之和）。

一般情况下，24 小时换气系统的换气扇都设置在卫生间、浴室（或盥洗室）里。请确认总换气量是否满足规定。当二楼因没有卫生间等原因导致换气量不足的时候，应该在走廊或门厅等位置补充设置换气扇。

为了避免误关 24 小时换气系统的换气扇，可以不为换气扇设置开关，或者在开关上标注清楚。

❸ 换气路径与家具的关系

换气路径上的家具应该是具有透气性的（底部有门缝或带有通风百叶的平开门、推拉门、折叠门、日式横拉门、隔扇），以免空气流通不畅。另外，在起居空间中最好把送风口设置在远离出入口的地方，这样换气的效率会比较高。

换气计算示例

机械换气设备计算表

房间名称	地面面积 / m^2	平均层高 / m	空间容积 / m^3	换气方式	送风孔尺寸	排风量 / (m^3/h)	换气次数 / 次
玄关 / 门厅	6.40	2.5	16.00	第三种换气方式	—	—	
走廊	1.62	2.4	3.89		—	—	
和室	10.56	2.4	25.34		送风口 Φ100	—	
起居室 / 餐厅 / 厨房	34.79	2.4	83.50		送风口 Φ100	—	
					送风口 Φ150		
房间 1	8.29	2.4	19.90		送风口 Φ100	—	
房间 2	7.46	2.4	17.90		送风口 Φ100	—	
卫生间	1.66	2.4	3.98			42.00	
盥洗室	3.32	2.4	7.97		—	—	
浴室	3.32	2.4	7.97		—	60.00	
					—	—	
	77.42		186.45			102.00	0.54

0.54 ≥ 0.50 符合规定

换气扇性能表格示例

产品规格

额定电压	单相 Φ1 100 V	
功能	排风	
频率 / Hz	50	60
耗电量 / W	2.4	2.7
电流 / A	0.033	0.035
风量 / (m^3/h)	50	50
噪声 / dB	21	21
质量 / kg	0.67	
适用管道：公称直径	Φ100	
电动机规格	两极开放式电容电动机	
额定运行时间	持续	
绝缘等级	E 类	
线圈上升温度	75 K 以下	
标准环境温度	-10~40 ℃	
绝缘电阻	1 MΩ 以上（直流电 500 V）	
绝缘耐压	交流电 1000 V 1 分钟	

数值是在静压 0 Pa 的条件下测定的。
测定方法的根据是日本工业规格（JIS C9603）的规定进行的。
（出处： 松下“商品编号 FY-08PDR9D 详情”
https://www2.panasonic.biz/ls/ ）

静压风量特性曲线

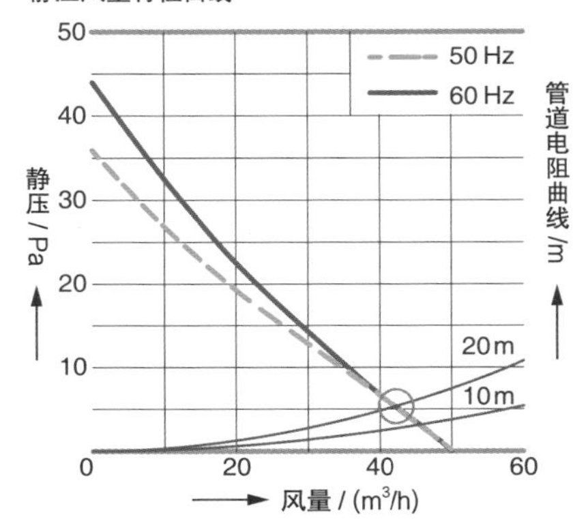

如果室外排风口和管道的压力损失按 5.0 Pa 计，那么从曲线图得出的排风风量约为 42 m^3/h。

2 冷暖气设备

空调的样式包括壁挂式、吊顶式（安装在吊顶里面的样式）、立柜式和嵌入式。

吊顶式空调与壁挂式空调相比，有以下缺点：产品选择少、性能差、增加照明安装的难度、价格高、维护费用高等。立柜式空调也有类似缺点。所以，普通家庭最常使用的是壁挂式空调。和室则较常使用嵌入式空调，详情请参考第154页。

1 壁挂式空调设置要点

❶ 设置在空调效率高的位置

为了使整个房间的送风更顺畅，请尽量把空调设置在房间的短边。当在卧室里设置空调时，应该选择一个不会让风直接吹到人的位置。详情请参考第146页。

❷ 避免使室内机过于显眼

有时候，如果在贴着醒目的装饰壁纸（颜色或图案比较突出）的地方设置空调，会破坏室内设计的效果。尤其当空调和壁纸的种类不是在同一天确定时，需要格外注意。

❸ 缩短电线

当空调室内机和插座离得比较远的时候，电源线就会长长地下垂，看上去不是很美观。所以请按照空调室内机的位置和尺寸来确定插座的位置。

空调插座设置要点

空调的插座最好设置在布线短又不显眼的地方。另外，灰尘的堆积可能导致漏电火灾，所以还应该考虑插座位置是否方便维护。

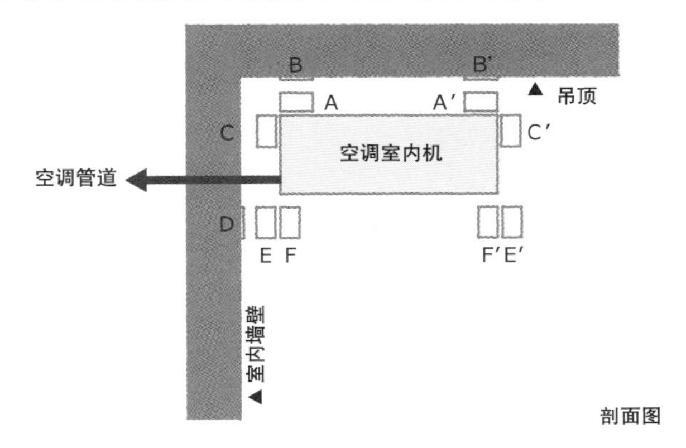

设置位置评价

设置位置	插座和电线的隐蔽程度	维护性	空调设置要点
A	◎	×	须在吊顶之间预留 100 mm 空隙
A'	○	△	须在吊顶之间预留 100 mm 空隙
B	◎	×	—
B'	○	△	—
C	○	○	须在墙壁之间预留 100 mm 空隙
C'	△	○	空调宽度受限
D	△	◎	小心与空调管道的相互干扰
E	△	◎	—
E'	△	◎	—
F	△	◎	空调高度受限
F'	△	◎	空调高度受限

每种设置位置都各有优势和缺点，只要设置在 A~F 的范围内就可以。
请不要把插座设置在离空调特别远的地方。
（注：表格中◎表示“优”，○表示“良”，△表示“中”，× 表示“劣”。）

空调室内机应该设置在距离吊顶 5~10 cm、距离左右墙壁 5 cm 以上的位置。一般的室内机尺寸不会超过 80 cm 宽、30 cm 高，所以室内机下缘大概在距离吊顶 40 cm 的位置。

❹ 设置合适的插座

6 帖（约 10 m^2）、8 帖（约 13 m^2）的房间使用的空调大多是额定电压 100 V 的，起居室等 14 帖（约 23 m^2）以上的空间使用的空调则是额定电压 200 V 的。在设置空调的时候，请确认插座是否与空调的额定电压相匹配。

❺ 兼顾室外机的效率与美观

设置空调室外机时应在正面预留 20 cm 以上、后面预留 5 cm 以上、左右各预留 10 cm 以上（装有空调管道的一侧应该预留 30 cm 以上）的空间。从效能角度考虑，室外机离室内机近一些比较好。但为了美观，请避免把室外机设置在房屋的正立面。如果在二楼设置室外机的话，还应该注意管线的路径。

❻ 避免干扰其他家具

空调室内机厚度约为 25 cm。如果室内机离折叠门太近的话，门会无法完全打开。另一方面，如果和窗户太过接近的话，可能会干扰窗帘的收束和轨道。

设置了筒灯的时候，请注意不要使其照射到空调室内机的顶部（参考第 33 页）。

空调设置的注意要点示例

在下图的情况中，主卧的空调室外机可以避开正立面设置，但儿童房的室外机只能设置在正立面上。这时应设计阳台（功能性阳台）来保证室外机的设置空间。

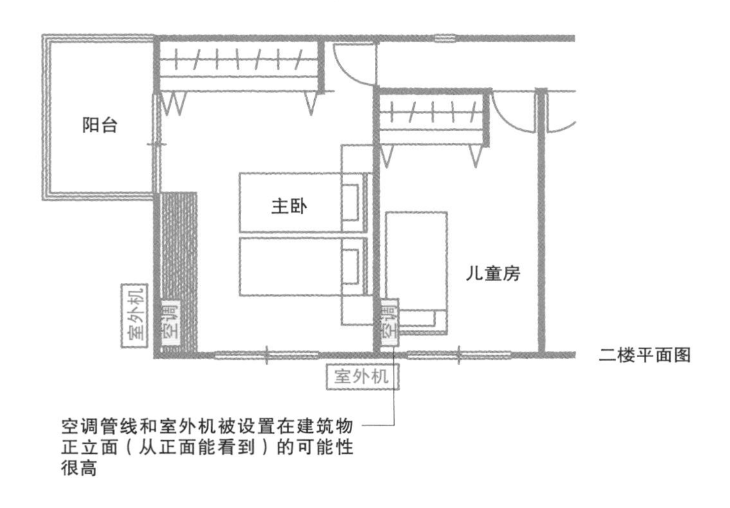

虽然也受吊顶高度的影响，但通常情况下，空调是无法设置在窗框上方的。当把空调设置在窗框旁边时，应注意配合窗帘的轨道（比窗框更宽）。另外，很多折叠门的高度与吊顶相当，打开时可能会与空调互相干扰。这种情况下应该改用平开门，控制门扇的高度。

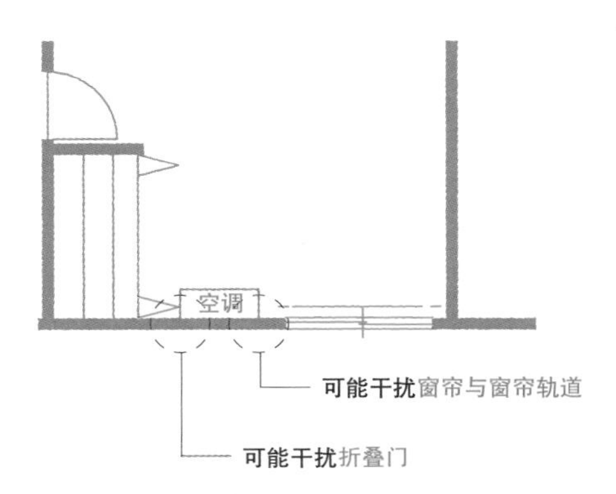

2 地面采暖设备的种类与特点

住宅主要的采暖设备除了空调之外，还有地暖、蓄热式暖气机、换气式暖气机、柴火炉等。接下来，将主要介绍使用率最高的地暖。

与制暖空调这种借助温暖的气流来使室内升温的采暖设备不同，地暖通过直接来自地面的热传导，以及从地面辐射向整个空间的热辐射来提高室内温度。理想的采暖设备是既不会让房间干燥又不会产生灰尘或臭味的，所以地暖铺设面积达到房间面积 70% 以上就可以作为主暖气使用了。

地暖大致分为电地暖和水地暖，以及混合型地暖。电地暖分为蓄热式、PTC 加热器式和发热电缆式。

❶ 电地暖

电地暖分为蓄热式、PTC 加热器式和发热电缆式。

蓄热式地暖利用夜间电力使加热器升温，蓄热材料中积蓄的热能在日间便能供人使用。蓄热式地暖的运行费用很低，但是初期费用比较高，很难在装修时设置。

PTC 加热器式地暖有自动调节温度功能。比如，当日光照射在地面上导致局部温度上升时，PTC 加热器式地暖能够抑制对应区域的放热，所以非常节省能源，适合在装修时安装。

发热电缆式地暖与电热毯有些类似。这种地暖的初期费用较低，施工也简单，而且能小面积使用。不过，运行费用比其他类型的地暖高。

❷ 水地暖

水地暖分为电热式和燃气式。电热式的热源设备是热泵，燃气式的热源设备是与地暖型号对应的热水器或燃料电池。其中，燃气式地暖升温快，地面温度比较均匀，所以在舒适性方面得到了很高的评价。但是，燃气式地暖无法在面积较小时使用，而且热源机、暖气片都会产生施工费用，所以初期费用比较高。

❸ 混合型地暖

混合型地暖结合了电地暖和水地暖的优点。虽然初期费用高，但是升温比较快、运行费用也低。

当地暖刚刚在住宅建筑中普及时，全电气化住宅只能选择电地暖（发热电缆式），通电通燃气的住宅只能选择热水器作热源的水地暖。但如今，地暖系统的选择已经非常多样化了。可以充分考虑铺设场所的面积、预算、各类地暖系统的优缺点，选择一个与个人生活方式相匹配的最佳组合。

地暖对比表

	电地暖			水地暖		混合型地暖
	蓄热式	PTC 加热器式	发热电缆式	电热式	燃气式	
初期费用	×	○	◎	△	○	×
运行费用	◎	○	×	○	△	◎
升温时间	○	△	△	×	○	◎
局部采暖	×	◎	◎	×	×	×
大面积采暖	◎	×	×	◎	◎	◎
舒适性（温度均匀）	○	×	×	◎	◎	◎
危险性（低温烧伤）	×	○	×	◎	◎	◎

1 防灾设备

1 建筑物火灾现状

2019 年版日本消防白皮书显示，日本在 1989—2019 年的 30 年间，住宅火灾的发生次数占所有建筑物火灾的 53%。其中，65% 的住宅火灾发生于独栋住宅中，大约占建筑物火灾的 35%。

起火原因有很多，但香烟成为引发火灾最常见的原因。接下来依次是暖炉、电器和炉灶。

在炉灶起火的事故中，约一半是忘记关闭灶具开关导致的，并且多发生于煤气灶这种炉灶上。就目前而言，炉灶的性能提高了，电磁炉也普及了；暖炉的安全性提高了；吸烟者减少了，电子烟更普及了。人们常以为由上述原因导致的火灾将会减少，但是，随着社会老龄化逐渐加重，人们还是应该保持警惕。

2 火灾报警器的安装

从 2006 年 6 月开始，住宅也必须安装火灾报警器。火灾事故中，大约一半的死亡原因是未及时逃生。而火灾报警器具备的重要功能正是探测烟雾、提前发现火灾。

- **设置状况**

根据 2019 年时日本消防部门的调查，设置了 1 个以上报警器的住宅数量占有义务设置报警器住宅数量的 82.3%，达到行政区规定报警器设置标准的住宅占全体的 67.9%。

- **住宅性能评价与火灾探测报警器设置等级**

评价标准有从第一级到第四级的四个等级。第一级是消防法制定的基本标准，在所有卧室，以及含卧室的楼层的楼梯上都必须设置报警器；第二级在第一级的规定场所中增加了厨房；第三级进一步要求在客厅设置报警器；第四级与第三级

按建筑物火灾发生场所分类的火灾统计

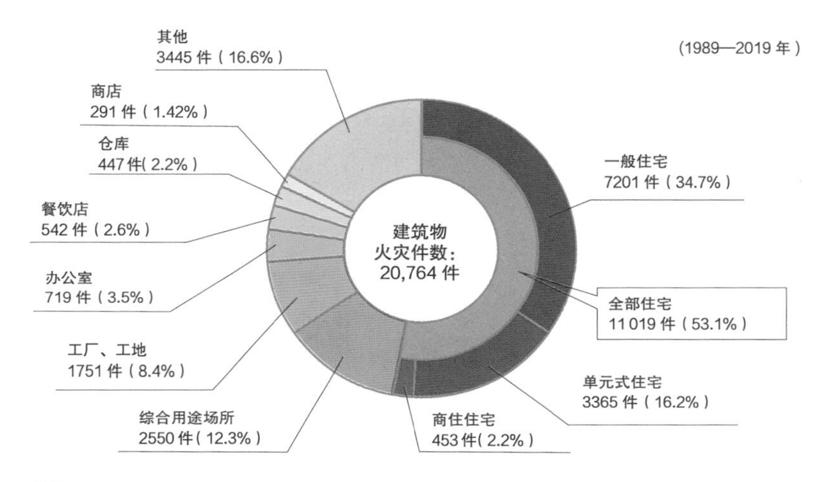

备注：

1. 图表根据《火灾报告》制成。
2. 单元式住宅、工厂、工地、办公室、仓库、餐饮店和商店是根据消防法施行令的第一张附表划分的。

（出处：2019 年版日本消防白皮书 第 83 页）

建筑物火灾的主要起火原因

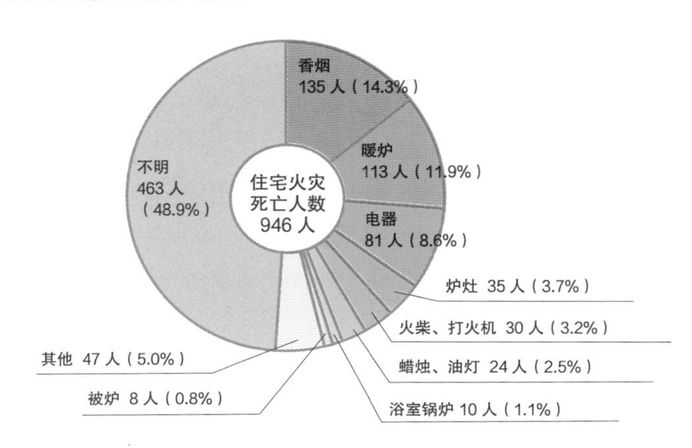

（出处：2019 年版日本消防白皮书 第 79 页）

规定的设置场所相同，但要求所有报警器都是联动型的；比起火灾探测，烟雾感应能让人更快地注意到意外的发生。从这一观点出发，按照第四级的标准来设置报警器是最推荐的。

如果将报警器设置在吊顶上的话,应注意使报警器中心点距离墙壁或梁0.6 m以上，距离空调出风口 1.5 m 以上。如果设置在墙壁上，应使报警器中心点和吊顶平面的间距在 0.15 ~0.5 m。

报警器包括烟感和温感两种。楼梯位置的报警器应选择烟感的，其他房间选择任意一种都可以。但通常情况下，厨房常用温感报警器，卧室、客房常用烟感报警器。

各个标准都有可能因为不同行政区的法规不同而有差异，所以在设置之前一定要向相关部门确认。

2 防盗设备

1 住宅入室盗窃与防盗环境设计

根据日本警视厅发布的“1989—2019 年间入室盗窃发生情况”，发生在住宅上的入室盗窃案占比最大，约占全体的 50%。

从窗户侵入进行盗窃的约占 57%，从玄关等出入口侵入的约占 43%。侵入空宅的方式中 50% 是打破玻璃，而悄悄潜入的方式则多半是由于入口未上锁。

防盗环境设计的目的在于打造不容易被入侵、不容易被盯上的住宅。其中主要包括强化建筑配件、防止接近、强化视野和确保领域性四个原则。接下来，将首先介绍强化建筑配件。

住宅性能评价 感应报警器设置等级

电池式感应报警器不需要连接电源，当电池电量即将耗尽时会发出提示音。报警器主体的标准使用寿命为 10 年。

感应报警器设置示例（针对自住房火灾）	感应报警器设置示例（二层住宅）
第四级	卧室 楼梯 卧室 起居室 厨房 住宅范围内都设置报警器。报警器型号为 100 V 交流电联动型，或者电池式无线联动型。 ・示意图中厨房设置的是温感报警器
第三级	卧室 楼梯 卧室 起居室 厨房 在卧室、楼梯、起居室设置烟感报警器，在厨房设置温感报警器。 ・示意图中厨房设置的是温感报警器
第二级	卧室 楼梯 卧室 起居室 厨房 在卧室、楼梯设置烟感报警器，在厨房设置温感报警器。 ・示意图中厨房设置的是温感报警器
第一级 （根据消防法规定的最低标准来设置住宅火灾报警器的情况）	卧室 楼梯 卧室 起居室 厨房 在卧室和楼梯处设置烟感报警器

▢ 根据消防法须设置报警器的房间

（出处：松下电器股份公司 https://jpn.faq.panasonic.com/app/answers/detail/a_id/85441）

1989—2019 年间住宅入室盗窃发生情况

・入室盗窃的侵入口比例

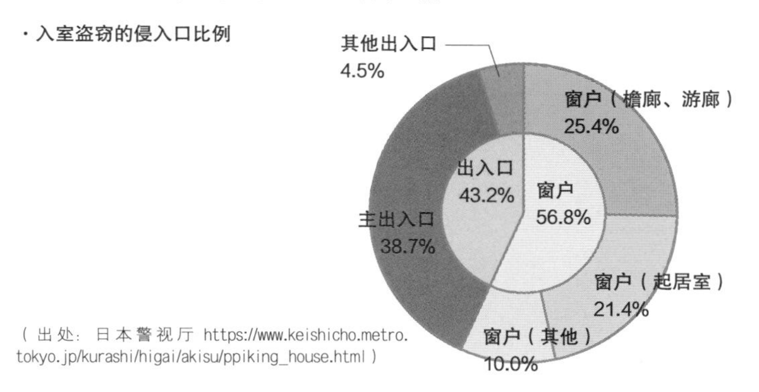

（出处：日本警视厅 https://www.keishicho.metro.tokyo.jp/kurashi/higai/akisu/ppiking_house.html）

2 强化住宅开口部分（门窗）

日本一部与住宅质量保障相关的法律（质量保障法）对住宅开口部分的防盗措施有着如下规定：住宅开口部分应该具备“抵御 5 分钟以上的入侵攻击”和“抵御 7 次以上的打击次数”的性能。

日本警视厅的数据显示，如果入侵住宅所需的时间超过 5 分钟，大约有 70% 的入侵者会放弃继续入侵。质量保障法正是根据这一数据制定了标准。

- **防盗建筑配件**

使用带有 CP 标志（Crime Prevention，以下简称为防盗标志）的建筑配件，是最简单的增强防盗性能的方法。防盗标志是在官民协议会上制定的、专属于防盗性能较高的建筑配件的标志。以抵御 5 分钟以上的入侵攻击等为基本要求，只有通过此类严格的防盗性能测试，才能获得防盗标志以证明安全性。有防盗标志的建筑配件目录已被登载在公益财团法人——日本防盗协会联合会的主页上。

在住宅的开口部分，包括窗框、玻璃在内的各种建筑配件都应该使用带有防盗标志的。就窗框而言，应该选择带月牙锁和辅助锁的。对于窗栅或百叶帘，最好同样选用具备防盗标志的。至于住宅前门，应该选择带两道锁、一道室内单向锁的。

- **使用防盗建筑配件外的开口部分**

根据质量保障法，如果一个住宅开口无法让 400 mm × 250 mm 的长方形、400 mm × 300 mm 的椭圆形、直径 350 mm 的圆形通过，那么人也无法侵入这种尺寸的开口。所以，设置小于这套尺寸的建筑开口也能达到防盗效果。

空宅入侵的手段

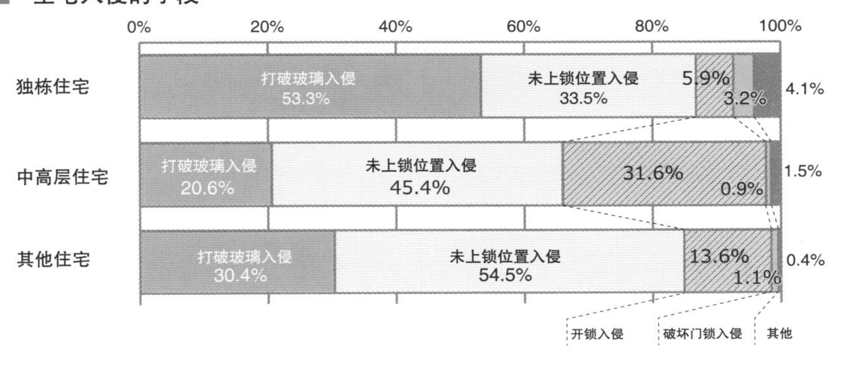

潜入盗窃的手段

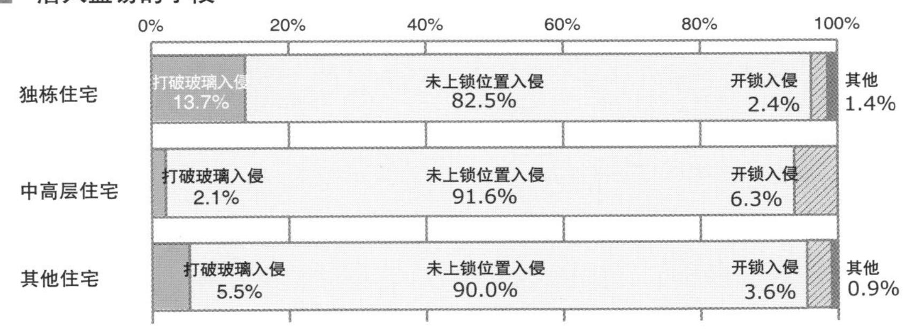

（出处：日本警视厅 https://www.keishicho.metro.tokyo.jp/kurashi/higai/akisu/ppiking_house.html）

防盗环境设计的四要素

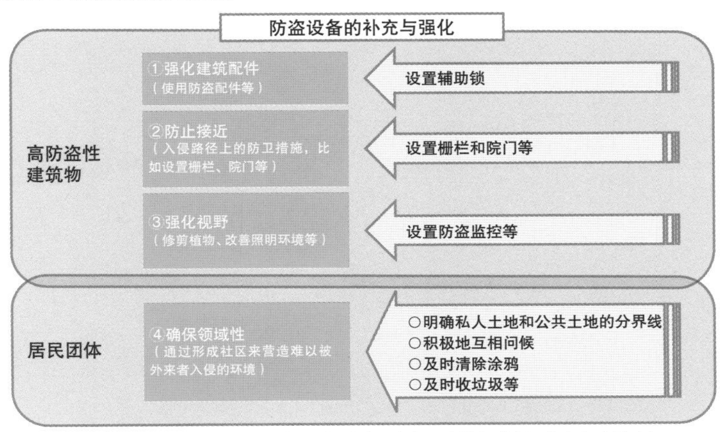

（出处：日本警视厅 https://www.keishicho.metro.tokyo.jp/kurashi/higai/akisu/taisaku1.html）

3 家居安防系统

即便强化了住宅开口部分，要是忘记关门或锁门的话，也就功亏一篑了。另外，没有人在家时，盗贼有可能打破玻璃入侵。为了生活得更安心，可以考虑设置家居安防系统。

家居安防系统有许多功能。例如，门窗上设置的传感器能提醒人关闭门窗，走廊等位置设置的人体感应器能侦测入侵者，并向入侵者发出声音和光线，起到震慑作用。在任何情况下，家居安防系统只要侦测到异常，就能使附近的保安人员赶到现场。因此，这种系统特别适合有老人的家庭。

4 其他设备

其他防盗设备还包括可视门铃、防盗监控、感应灯等。很多可视门铃具备录像功能、电子锁联动功能、变音功能等防盗功能。

比起单独使用这些防盗设备，把它们与家居安防系统、智能手机等工具联动，能够让人更加安心。

人无法侵入的建筑开口尺寸标准

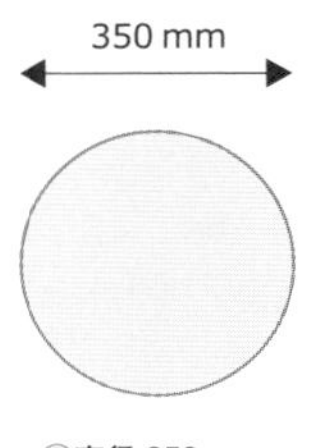

① 400 mm × 250 mm 的长方形

② 400 mm × 300 mm 的椭圆形

③直径 350 mm 的圆形

防盗标志

（出处：日本警视厅 https://www.npa.go.jp/safetylife/seianki26/theme_b/b_c_2.html）

建筑不同开口位置的防入侵对策

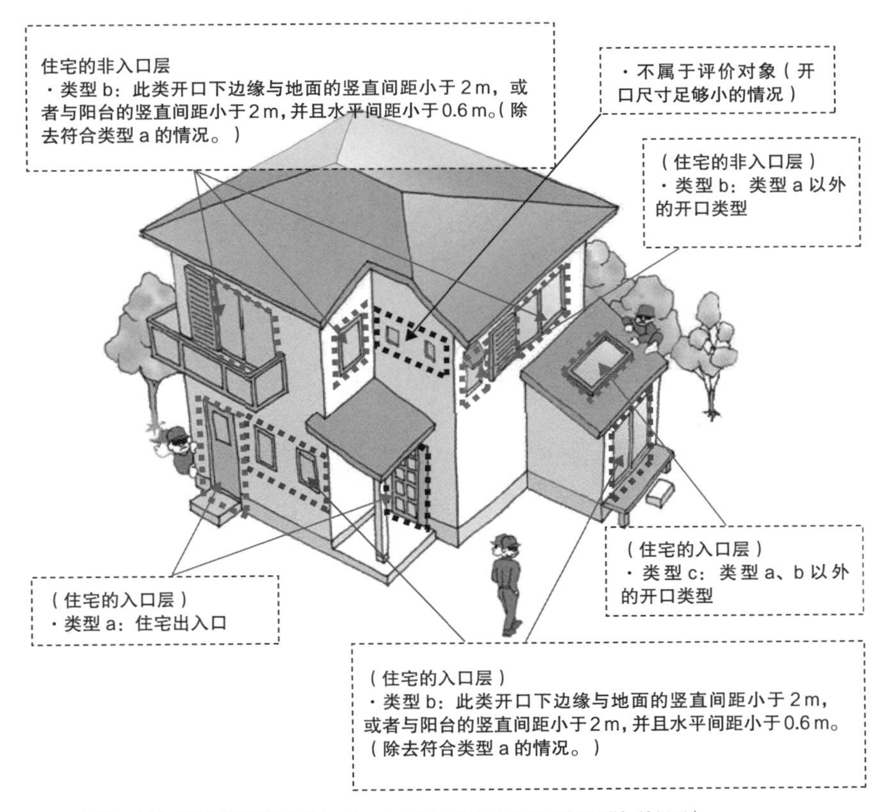

（出处：日本住宅性能评价协会 https://www.hyoukakyoukai.or.jp/seido/kizon/10-10.html）

东日本大地震之后，日本的能源自给率降至 6%。对此，日本计划在 2030 年以前使能源自给率超过震灾前的水准（20%）并提升到 25%。为促进能源自给率的提高，日本主要推行了净零能耗策略和能源可视化管理策略。下面将对这两种策略进行介绍。

ZEH——净零能耗建筑

日本提高新建住宅的能源自给率的对策是：在 2030 年以前，实现新建住宅平均净能耗为零（ZEH）。ZEH 是“Net Zero Energy House”（净能耗为零的住宅）的英文缩写，是指**以家庭为单位，在一年中净消耗的能源大致为零的住宅**。所谓净零能耗策略，就是为住宅设置太阳能发电机或燃料电池等发电装置，减少额外的能源使用，从而实现净能耗为零的目标。

推行净零能耗法的目的不仅仅是提升发电装置的普及率，还在于节约能源（节能省电）。

2 HEMS——能源可视化，连接手机更省心

为了实现净零能耗的目标，不仅需要强化住宅的隔热性能、电器的节能性能，还应该将**能源可视化**，以便于管理。HEMS 是能源可视化管理的核心设备——Home Energy Management System（家庭能源管理系统）的英文缩写。

将 HEMS 系统引入住宅之后，家里的能源使用状况（电力、水、燃气）、发电量（太阳能发电、燃料电池发电），以及充电量（蓄电池、电动汽车）都可以随时通过面板终端之类的监视器进行确认。

至今为止，人们或许只能按月推测能源的使用量。但引入 HEMS 系统后，就可以做到以房间为单位，甚至以电器为单位掌握能耗数据。如果充分利用这些数据，就能达到节能的效果。

通过进一步的开发，HEMS 系统还可以限制能耗。比如，一旦用电量超过初始设定，HEMS 系统就自动将照明、空调等电器调整为节电模式。

HEMS 系统不仅仅是节能设备，还同时具有许多安全、便利的功能。如果将 HEMS 系统、专用应用程序，以及智能手机组合使用的话，可以在外出时确认住宅的上锁情况，还能配合在回家时间打开空调或准备热水。

净零能耗示意图

实现净零能耗的要点：高隔热性 + 节能 + 发电 = 净能耗为零的住宅

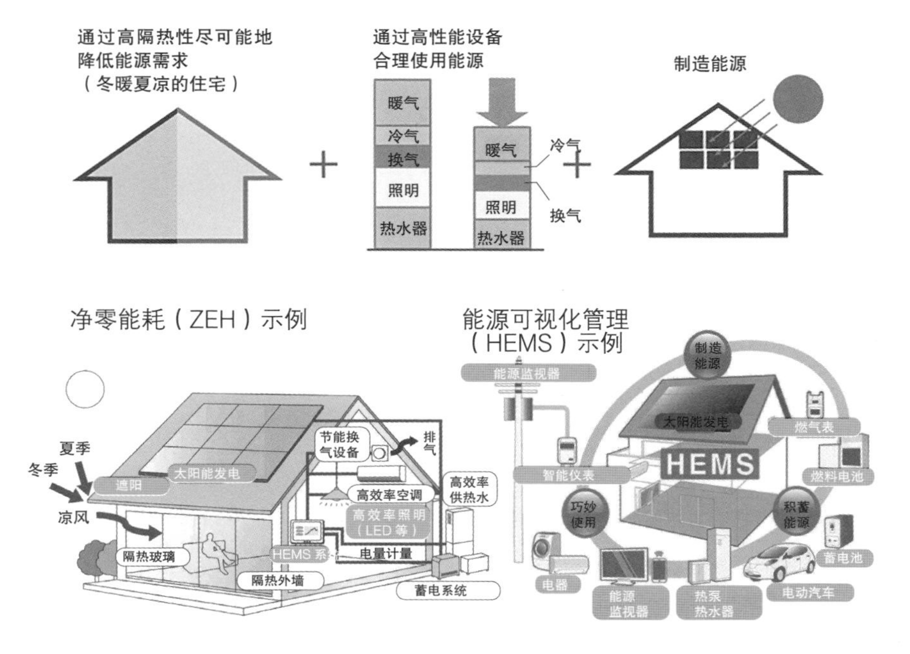

（出处：日本经济产业部门主页　https://www.enecho.meti.go.jp/category/saving_and_new/saving/general/housing/index03.html）

06 燃气与热水器

燃气可分为天然气和液化石油气 (Liquefied Petroleum Gas, 简称 LPG) 两种。应该对自己的建筑物处于哪种燃气的供应区进行了解。另外，还应该认识 13A 等天然气的种类。

1 燃气设备

1 天然气

天然气的主要原料是以甲烷为主要成分的液化天然气。运输方式是从埋于地下的燃气管途经燃气表通向各个家庭。

主要的天然气种类是 12 A 或者 13 A，除此以外也有 6 A、5 C 等热量值不同的燃气。目前，大半部分天然气是 13 A 这一热量值比较高的种类。

2 液化石油气

液化石油气的主要成分是丙烷和丁烷。各个家庭需要设置装着燃气表的燃气瓶来使用液化石油气。

液化石油气热量值是天然气的 2 倍以上，而且比空气重。所以，在安装燃气泄漏报警器的时候，如果使用的是比空气轻的天然气，则应该装在较高的位置；如果使用的是液化石油气，则应该装在较低的位置。

四口之家（日本关东地区）的夏季燃气使用量大约是 12 m^3/ 月，冬季是 24 m^3/ 月，年平均使用量大约是 18 m^3/ 月。20 kg 燃气瓶的容积大约是 10 m^3，那么前述家庭每个月大约能用完两瓶。需要注意的是，燃气瓶应该储放在外人难以靠近、便于更换、没有高差的地方。按规定，燃气瓶还应避免被日光直射，并且远离烟火 2 m 以上。

在价格方面，液化石油气比天然气贵。如果住宅附近有燃气管网的话，从使用液化石油气改为使用天然气会相对容易一些。但当附近没有燃气管网时，想要使用天然气必须延长管线，并为此支付一笔高昂的工程费用。所以，请和燃气公司、使用液化石油气的附近居民一同协商费用的分摊问题吧！

3 使用设备限制

在燃气灶等使用燃气的设备上，会贴着说明了能使用的燃气种类的标签。虽然天然气中的 13 A 和 12 A 可以在相同的设备上使用，但如果在这类设备上使用液化石油气或 6 A、5 C 之类热量值不同的燃气，会引起不完全燃烧甚至火灾，所以绝对不要这么做。

天然气的种类与主要的燃气公司

燃气种类	燃气公司
13 A、12 A	东京燃气、大阪燃气、东邦燃气、京叶燃气、西部燃气、北陆燃气等
6 A	十和田燃气、相马燃气等
5 C	水岛燃气等
L1（6 B、6 C）	钏路燃气、弘前燃气等
L2（5 A、5 B、5 AN）	长万部町、松山市、能代市等
L3（4 A、4 B、4 C）	旭川燃气、青森燃气等

灶具的标签示例

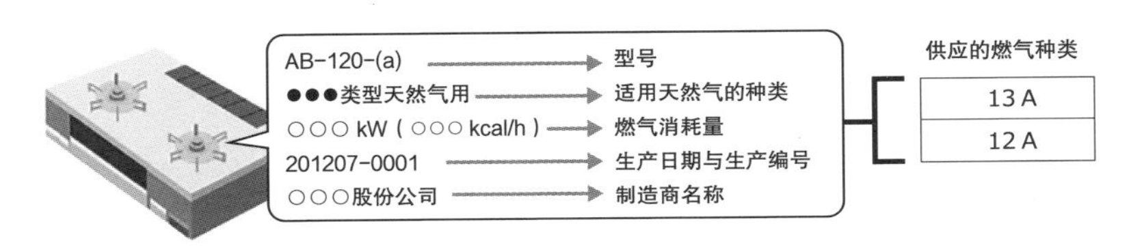

（出处：日本燃气协会 https://www.gas.or.jp/a）

2 热水器

热水器的功能是将加热后的水供向厨房、浴池、水地暖等设备。供热水工程与供水工程类似，主流方法都是总分歧法。供热水时，被热水器加热的水经过供热水专用的总接头，接着被供向厨房、浴池等设备。详情请参考第 10 页。

家用热水器的热源主要分为燃气式、电热式及燃气 + 电热（燃电混动式）。

1 燃气式

通过燃烧燃气来加热水的燃气热水器是最常见的一种供热水设备。其中，比较具有代表性的是高效率的燃气热水器——二次加热热水器。这种热水器的优点是价格便宜、机身小巧，能够不断地供应热水。但是水电费可能比二氧化碳热泵热水器高一些。

ENE-FARM 是一种热电联产的家用燃料电池系统。它的工作原理是：通过燃气中的氢气与空气中的氧气发生的化学反应产生电能，同时利用此过程中的放热将水加热。它是一种能源利用率几乎达到 100% 的设备。其中，一种叫作 ECO-WILL 的热电联产家用燃料电池系统已经在 2017 年 9 月停售了。

2 电热式

一般的电热水器是利用电热器将水加热，然而二氧化碳热泵热水器是一种利用空气能和热泵来加热水的系统。对比之下，普通的电热水器和二氧化碳热泵热水器都能利用较为便宜的夜间电力。二氧化碳热泵热水器的初期费用会高一些，但是电费几乎只有一般情况的 1/4，还能额外得到地方自治团体的补助，因此成为电热水器的主流。

电热水器早期系统中的热水断供问题已经基本解决了。不过，和燃气热水器相比的话，电热水器的劣势在于安装成本比较高，储水罐体积比较大。

3 燃气＋电热（燃电混动式）

燃电混动热水器是性能强大、加热速度快的二次加热热水器与效率高、经济实惠的热泵的结合产物，因此，还有着储水罐小、机身小巧的优点。

燃电混动热水器的初期费用比较高，但是，相比于二次加热热水器，燃电混动热水器可以节约 85% 的燃气消耗量；相比于二氧化碳热泵热水器，可以节约 45% 的耗电量。所以运行成本非常低。

ENE-FARM

ENE-FARM 燃料电池在 2008 年刚开始售卖的时候，不论是什么企业，都统一将这类产品命名为 ENE-FARM。目前，ENE-FARM 主要由松下电器和爱信精机（由大阪燃气、京瓷集团、丰田汽车共同开发）两家公司制造。

（出处：松下电器股份公司　https://news.panasonic.com/jp/press/data/2019/02/jn190222-1/jn190222-1.pdf）

燃电混动热水供应系统

目前，燃电混动热水供应系统主要由林内和能率集团制造。

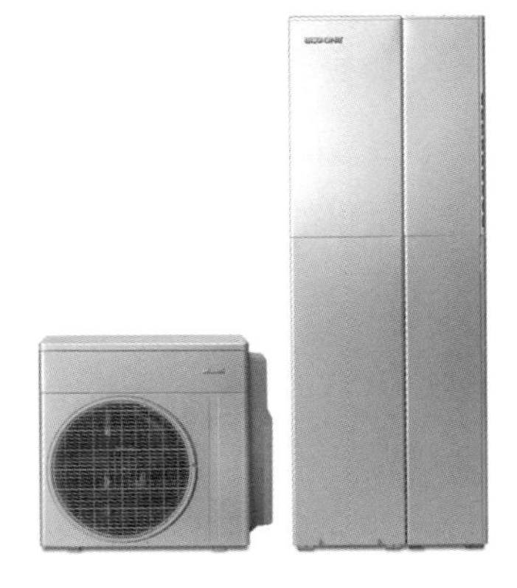

（出处：林内股份公司　https://rinnai.jp/ecoone/）

专栏

如何更有效地与客户沟通

在签订新建住宅的合同时，即便嵌入式洗碗机、卫生间的洗手池等主要器具的样式都确定了，那些价格比较稳定的部件——比如厨房门扇的面板材料、浴缸或壁橱的颜色和图案等，它们的样式也往往是还没有确定的。至于开关和插座，在签订合同时最多只能确定数量，但具体设置在哪儿也是尚未确定的。

合同签订之后，需要把销售负责人、建筑设计师和室内设计师等工作人员都召集在一起，进行更加详细的“样式确认”“样式规约”和“样式调整”的洽谈。有时，在施工和交付的日程已经确定了的情况下，还需要调整房间的布局。这种工作对于设计师来说，可能比面向新订单的工作难度更高、任务更艰巨。

在周六日时新客户可能会比较多，所以洽谈时间最好选在工作日。虽然客户有空的时间本身就不多，但如果带着孩子一起到店里的话，就更难高效地利用洽谈时间了。很可能导致洽谈次数变多、效率变低，以及即便有洽谈记录，还是会发生记忆偏差等后果。

对于最终确认设备及其规格的洽谈，建议夫妻二人都请好假、腾出从早到晚的一整天时间来认真参与。可以和工作人员一起确认一个宽裕的午餐时间，并在休息时提供一些点心，把整场洽谈变成会议活动。如此一来，双方能更好地进行交流，使沟通的效率和满足度都大大提高。

第 2 章

住宅设备的设计要点

01 玄关与门厅的设备

设备设计不只是为了服务家人，还应该能够游刃有余地服务于从孩童到老年人的广泛的客人群体。

适于迎客的照明与插座布局

1 照明布局的亮度、效果与便利性

玄关是初次来访的客人最先看见的空间。所以，不仅仅要确保招待客人、换鞋处等位置的明亮程度，还应该在客人目光所及的空间灯光效果上下功夫。关于间接照明的详细内容请参考第 34 页。

如果选用壁灯作玄关处的照明装备，可以设置在距离玄关门廊 2.0 m 左右、不受开门时阴影影响的位置。如果在房檐下用筒灯作玄关的照明装备，则不受大门位置的影响。

在标准大小的门厅里布置筒灯的时候，请选择一个在门厅踏步正上方、能够照亮主客双方的面孔、与门厅的吊顶中心线相配合的位置，布置两盏灯。有时，由于玄关收纳处的高度和布局不同，吊顶中心线也会有差异，所以请先确认吊顶的中心线再配灯吧！

在晚上回家时，如果双手都提着物品，带人体感应功能的照明（或开关）能省去手动操作开关的麻烦，非常方便。如果沿玄关、起居室、楼梯的连续动线布置人体感应地脚灯的话，会更加方便、稳妥。

照明的开关应该设置在从玄关和门厅两边都能操作的位置，比如门厅踏步上方等。另外，除了内玄关、门厅和走廊的开关，最好把外玄关、户外等室外空间的开关也一并设置完善。

可以根据开关的具体用途，选择一个合适的、在房间外也能操作的种类，比如三控开关、四控开关，或者能够防止人们忘记关灯的指示灯开关、人体感应开关等。

玄关灯

壁灯应该设置在开门时不会被门挡住的位置。在房檐下设置筒灯也可以。照度则以能看清钥匙孔或包袋内部的 30 lx 为基准。

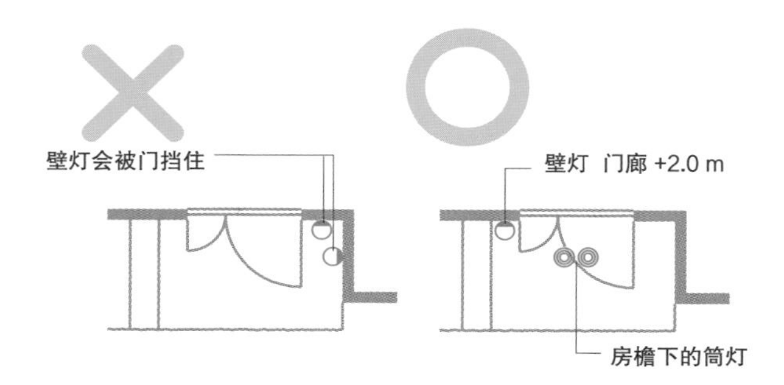

玄关与门厅的照明

在下图中，玄关收纳柜如果是到顶式的则没有问题，但如果是矮柜式的，吊顶的中心线与配灯的中心线就会发生偏差。

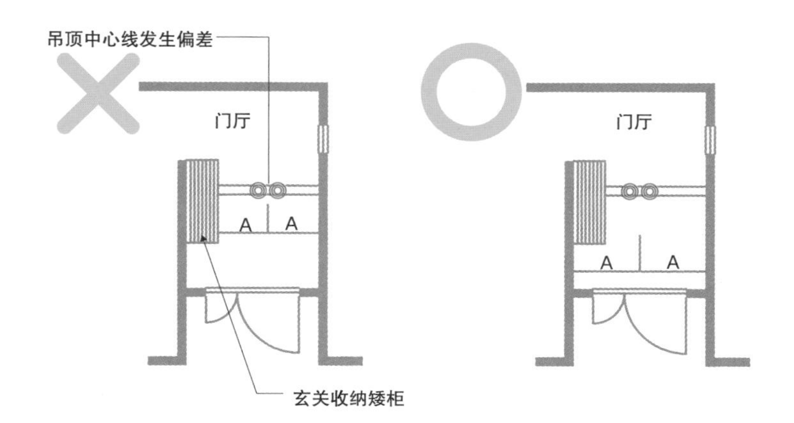

开关设置高度最好为高于地面 1000 mm 处，方便老人使用。

2 既不显眼又便于吸尘器使用的插座位置

在玄关、门厅处应该为电动自行车充电器（在室内给电动车充电在中国是禁止的）、落地灯等固定式电器，以及吸尘器等在移动中使用的电器设置插座。设置时应该避开显眼的位置，比如玄关正对面、颜色或图案比较醒目的墙壁等。

吸尘器的电源线长度为 4 m 左右，所以插座应该设置在能使吸尘器够到玄关、门厅、走廊、楼梯的每个角落的位置。如果无线吸尘器或扫地机器人的收纳位置（充电基座）在玄关或门厅里的话，也应该设置对应的充电插座。

2 室内外连接处的潮湿问题对策

最近，步入式空间越来越常被当作玄关的附属空间来设置，比如具有收纳功能的落尘区等。

鞋子、雨伞等带有较多水分的物品经常被收纳在落尘区。对于异味和潮湿问题的应对策略，比起开窗通风，更推荐用换气扇换气。保持室内负压是高效换气的诀窍。

如果把换气扇设置在玄关的话，可能需要注意外观。但如果设置在落尘区，就没有必要在意了。但是，考虑到室外的效果，还请避开正立面设置。

玄关与门厅的插座布局

最好把插座设置在当人站在落尘区时很难看到的位置。
如果落地灯之类的固定式灯具能把插座挡住，也没有问题。

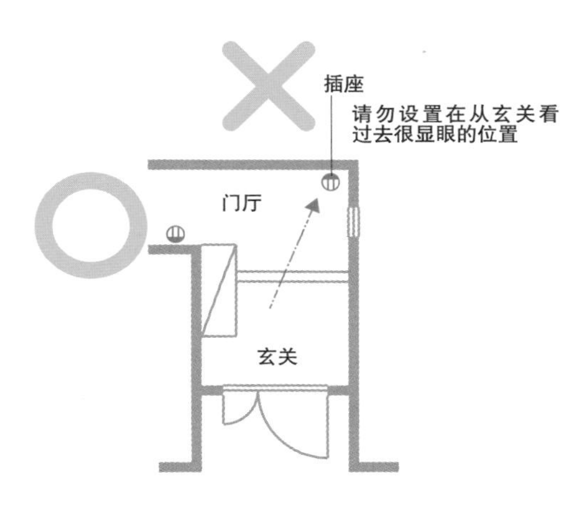

落尘区换气扇

为了排出落尘区的湿气，最好设置换气扇。在选择设置位置的时候，请注意不要干扰到内部的收纳柜。另外，还要注意避开正立面设置等外观问题。

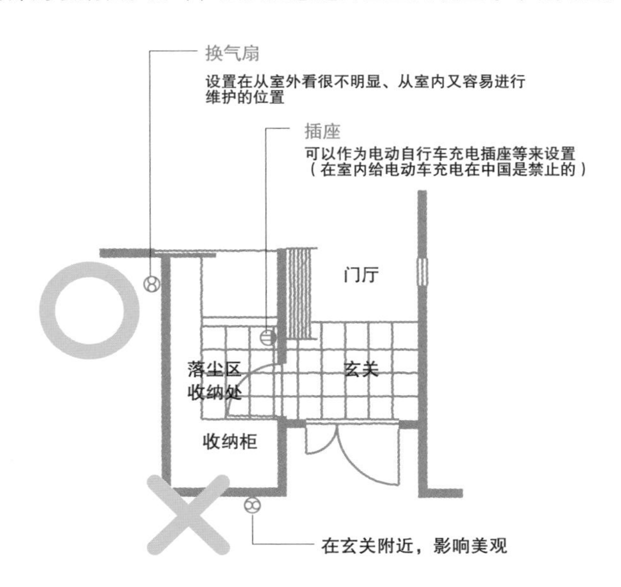

3 适老化家居设备

1 扶手

从下沉式玄关上到门厅时，如果在门厅踏步附近这种从玄关、门厅两边都能使用的位置装有扶手，是比较方便的。如果从地板到吊顶都采用通用化设计的话，无论是谁都能便捷地使用。如果在此基础上，为玄关、起居室、餐厅、厨房、卫生间、盥洗室、浴室等日常生活空间之间的走廊装上水平扶手，便是最稳妥的做法了。

2 长凳

为了方便换鞋，可以设置与玄关扶手相搭配的长凳。如果希望把扶手当作拉手来使用，那么将玄关扶手和长凳间隔 400 mm 左右设置会有较好的效果。这样做不仅方便了老人，还能使换靴子等动作更加轻松。对于玄关空间不足的情况，可以选用能够收纳在墙壁上的长凳。

3 家用电梯

因为家用电梯是设置在个人住宅中的，所以有一些限制，包括承载量应小于 200 kg、轿厢内地面面积应小于 1.3 m^2，以及电梯行程应小于 7 m（液压式的情况下）。需要注意的是，就算有电梯，二层住宅还是必须设置楼梯的。

❶ 建议事项

电梯不但有助于确保年老体弱者和小孩子的安全，减轻晾晒衣物等家务的负担，还能使孩子独立后空置出来的二层房间（原先孩子居住的房间）得到有效利用。

对于三层住宅，楼梯的使用频率很高，有电梯的话能省下不少工夫。对于那些觉得每天上下楼梯太麻烦而放弃了二层起居室的人来说，电梯是不可或缺的设备。

虽然住宅性能评价、适老化对策等级，以及房间布局都有附加条件，但如果设置了家用电梯，而且卫生间和卧室是在同一楼层的话，即便玄关、浴室、餐厅、

扶手设置尺寸

标准纵向扶手

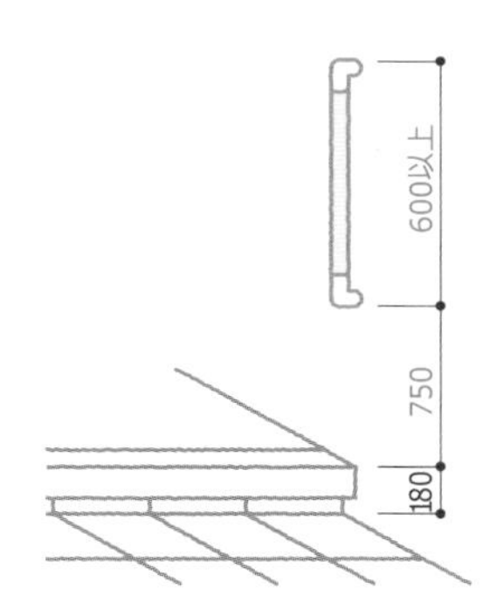

通用设计型纵向扶手

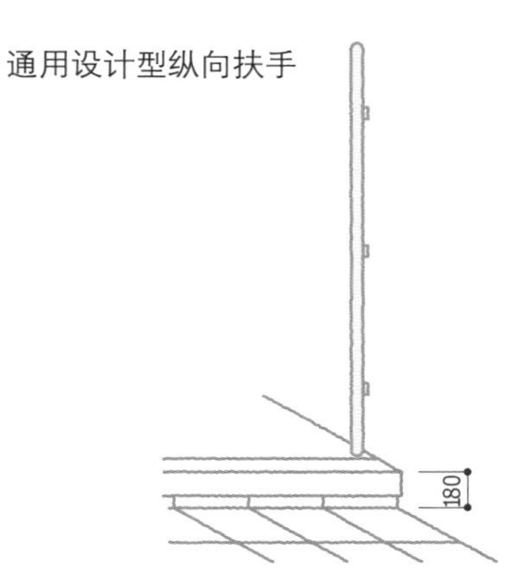

长凳尺寸

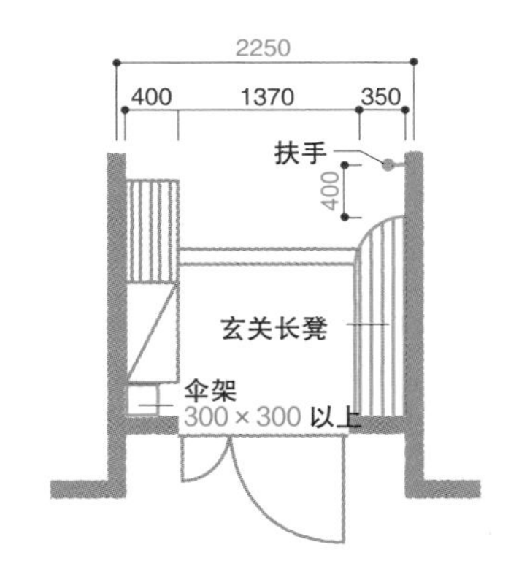

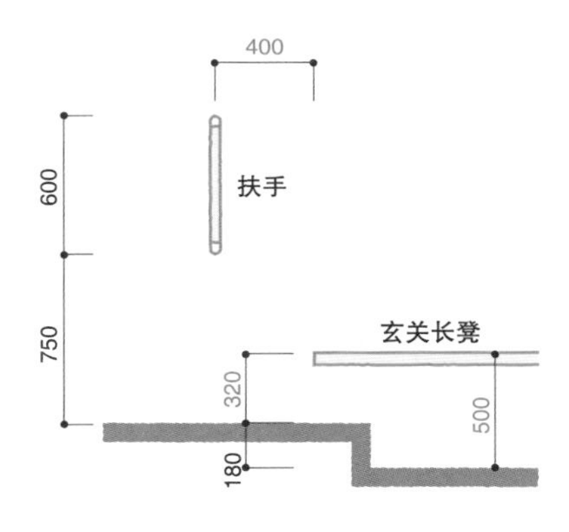

更衣室等房间和卧室不在同一楼层，也能达到适老化对策等级的第五级（最高等级）。所以电梯是对老人非常有帮助的设备。

❷ 选择电梯的要点

必须关注的要点包括核定人数（承载量）、轿厢内部的形状及有效尺寸。如果家庭中有轮椅使用者的话，可选择的电梯可能会受到轮椅种类（自驱型、介护型、电动型等）、看护者有无的影响。所以，请在产品目录上确认具体组合。

一般情况下，电梯是从正面进出的。但也有从正面进、背面出的双开门电梯。

电梯出入口的有效宽度有 500 mm、680 mm、800 mm 等种类。标准的三人用电梯的出入口宽度应为 800 mm。

❸ 基于建筑基准法的检查点

电梯需要与建筑物分开接受设计审查。不同建筑物有着不一样的结构和规模，有时必须用防火设备将梯井和其他部分的空间划分开（竖井防火分隔）。特别是在层数达到三层、总面积超过 200 m^2 的住宅中设置电梯时，需要格外注意这一点。另外，电梯所有者有义务让电梯接受每年一次以上的定期检查，并向指定行政部门报告检查结果。如果与制造商签订维护检修合同，每年差不多需要花费 4 万 ~ 6 万日元（不含零件更换费用）。

❹ 空间尺寸规范

接下来将用例子介绍双人用电梯（木结构住宅用）的梯井尺寸。型号为“松下 -0812- 个人型 -V”的电梯：宽度 1220 mm，进深 765 mm，坑道深 550 mm，井道顶部空间 2400 mm。

如果有轮椅使用者需要乘坐电梯的话，就要确保看护者能在轿厢内调整轮椅的方向。这意味着应确保轿厢的进深达到 1500 mm 左右。如果没有轮椅使用者乘坐电梯的情况，为了方便搬运物品，也最好确保进深达到 1250 mm 以上。

电梯的电源是单相三线制的 100 V 和 200 V，并且需要准备专用回路。

双开门电梯图例

乘坐这种电梯时，轮椅使用者或老人不用在轿厢内转换方向，所以非常方便。
为了能够从外部空间顺利地移动到室内，可以在一层处也设置前后两个方向（一个朝向落尘区，一个朝向玄关门厅）的电梯门，利用电梯消除门厅踏步的高差。

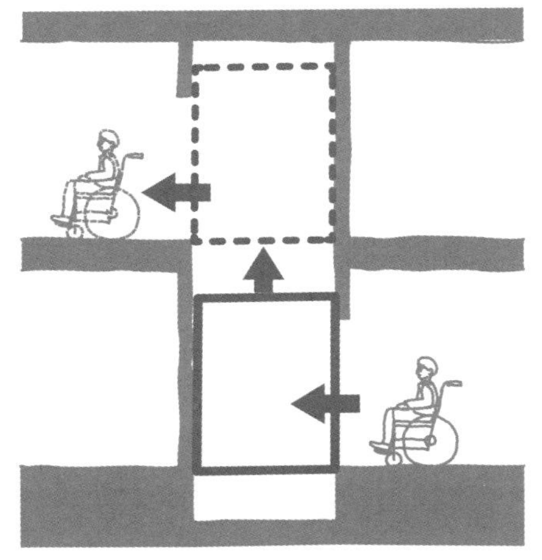

插图：小山幸子

电梯空间尺寸规范

双人用电梯的梯井有竖长方形、横长方形、正方形等形状。
比起为了迁就房间布局来设置电梯，以满足轮椅使用条件为目标进行布局才是更重要的。
如果要满足使用轮椅的条件，不仅需要注意电梯轿厢的尺寸，还应该把走廊拐弯处也设计得宽敞一些。

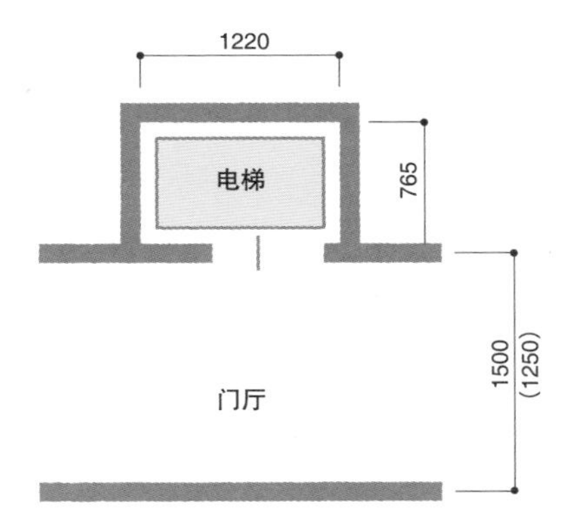

4 防止室外脏污被带入室内的卫生洁具

1 今后需求量将提高的玄关洗手池

尤其在花粉季或病毒盛行的时候，这类设备能使人在进家门之前就洗好手、漱完口。孩子在学校玩耍之后回家时，先把衣服上沾着的脏污清理掉，或者脱掉脏衣服再进到家里面，能省去不少打扫的麻烦。今后，在玄关设置洗手池的家庭可能会逐渐增加。

如果把玄关落尘区当作画室或木工室来使用，就需要设置冲水清洁的功能。所以应该设置水龙头和排水设施（排水沟盖板）。

2 洗手池设置的案例研究

洗手池应该设置在离玄关比较近，便于更衣，对水污渍容忍度较高的地方。

- **案例 1 设置在室外的情况**

如果将带室外洗手池的立式水龙头或水槽设置在离玄关比较近，但又不过于显眼的室外，则既不用担心溅水，又便于清洗手脚和污物。如果接上软管的话，还能用来洗车、浇花等。如果在洗手池旁边设置一个侧门，与落尘区的盥洗室连起来的话，使用洗手池时就不用经过玄关了，非常方便。但它的缺点在于受天气影响较大，并且由于外部视线影响而显得私密性不足。

- **案例 2 设置在玄关门厅的情况**

如果将洗手池设置在玄关门厅，就能在进入起居室或自己的房间之前洗手、漱口。不过，想清洗衣服上的污渍时，还是只能去盥洗室。而且在这种情况下，必须时常保持洗手池和周围空间的整洁，需要小心以防溅水。但就优点而言，这种做法便于让客人不进入盥洗室也能洗手。

- **案例 3 设置在玄关落尘区的情况**

如果将洗手池设置在玄关与走廊或盥洗室相连的空间（落尘区收纳处等），

就既不用担心溅水，也能在更衣时得到隐私保护了。缺点在于空间会昏暗、杂乱一些。

虽然每个案例都各有优缺点，但是在玄关门厅设置洗手池还是值得一试的。

案例 1 的平面图

在这个案例中，洗手池被设置在屋檐下方靠近玄关，便于前往盥洗室（带有落尘区）的位置。另外，此案例通过设法遮挡外部视线进行了优化。

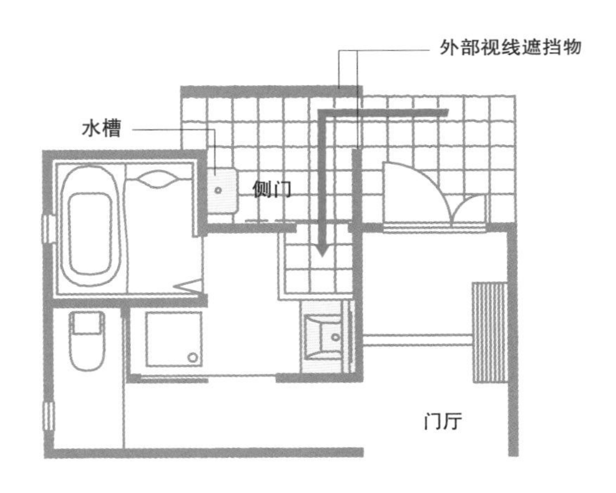

案例 2 的平面图

在从玄关看不见的位置设置了洗手池。

案例 3 的平面图

在落尘区收纳处设置了洗手池。

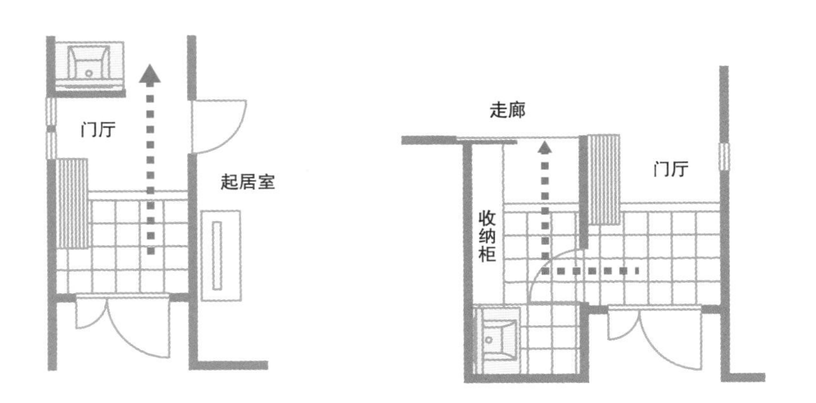

02 浴室设备

1 有助于健康养颜的空间设计

整体浴室的防水工程工期比传统做法更短。早在 2015 年，整体浴室的普及率就超过了 60%，现在依然在不断提高。

从清洁、放松，到促进健康、美容养颜，浴室的功能正在不断变化。接下来将介绍浴室（整体浴室）的选择要点。

整体浴室的优点包括：保暖性强的浴缸可以大幅度节省水电费；防滑、缓冲性强的地板能够保障安全；配备的沥水架十分方便；排水沟也非常便于清洁等。整体浴室的规格、设备都已达到了高度标准化。

1 传统浴室、整体浴室与半整体浴室

采用传统施工方法的浴室从浴缸、窗户到室内装修都可以按个人喜好进行选择，也就是所谓的定制浴室。由于防水工程必不可少，所以工程种类多、工期长，费用也相对较高。

整体浴室则是一种浴缸、地板、墙壁等部件都在工厂制造完成，然后在现场组装的浴室。因为不需要特别的防水工程，所以工程种类少、工期短。另外，由于可供选择的部件样式范围很广，所以选择过程也会充满乐趣。

半整体浴室结合了上述两种浴室各自的优点。浴缸、墙裙和地板是整体化的，其他部分的墙壁和吊顶则能按个人喜好来选择样式。虽然可选商品种类不多，墙壁的防水工程也需要在现场施工，但是工期会比传统浴室短，漏水的可能性小，可以放心选用。

施工方法的区别

常见传统施工方法详图　　　　　　常见整体浴室详图

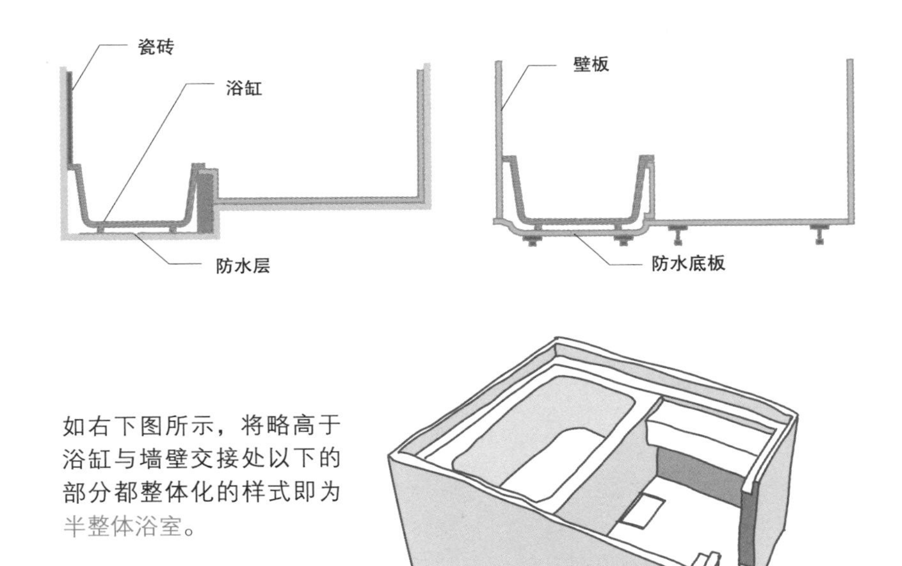

如右下图所示，将略高于浴缸与墙壁交接处以下的部分都整体化的样式即为半整体浴室。

插图：小山幸子

常见整体浴室尺寸

尺寸		内面积	内尺寸	性能评价等级
（名称）	（单位：坪）	（m^2）	（m）	
1216 型	0.75	1.92	1.20 × 1.60	—
1616 型	1.00	2.56	1.60 × 1.60	5
1620 型	1.25	3.20	1.60 × 2.00	5
1624 型	1.50	3.84	1.60 × 2.40	5
1818 型	以米为模数	3.15	1.75 × 1.80	5

2 尺寸选择

整体浴室的尺寸是用内尺寸（长边 × 短边）来表示的。代表性的尺寸有1216型（0.75坪）、1616型（1坪）、1620型（1.25坪）以及1624型（1.5坪）。

根据住宅性能评价中适老化对策等级的规定，短边大于1.3 m、内面积大于2.0 m^2 的浴室属于第三级，1616型尺寸属于第五级（短边大于1.4 m、内面积大于2.5 m^2）。所以，不如选择1616型以上的整体浴室。

3 出入口门选择

出入口的门有折叠门、平开门、推拉门几种类型。

折叠门的规格有标准型、紧凑型，还有符合适老化对策等级第三级对有效开口尺寸的规定（大于600 mm）的类型。

内开门有如下缺点：浴室里的人摔倒时，或者使用沐浴椅的时候，门会难以开关。

推拉门比较节约空间，而且因为开关门时不用挪动身体，老年人使用起来比较方便。但是，推拉门是向盥洗室一侧推拉的，所以要注意盥洗室用品、开关等的放置与安装位置。

由于盥洗室和浴室都是较为狭小的空间，在门或隔板处使用透明的材料，能够增强空间开放感。

4 放松方式

接下来，将介绍几种主要的具有养生、美容和放松功效的浴室类型。在能泡半身浴的浴缸里，一边享用心仪的饮品，进行水分补给（味觉体验），一边享受五感都得到满足的沐浴吧！

- 音视频：将浴室变为影音室，享受喜爱的音乐和超过30英寸的大荧幕电视。（视觉、听觉）
- 浸浴：在加入了微泡沫和沐浴油的热水中沐浴，能起到滋润全身的美肤效果。

利用肩部水疗设备、按摩浴缸所产生的水流或泡沫刺激全身，能起到按摩和在短时间内温暖身体的效果。（嗅觉、触觉）

- 淋浴：利用安装在浴室吊顶上的淋浴器（顶喷花洒）等，享受不同水流冲洗下的淋浴体验。（触觉）
- 照明：根据沐浴的时间或当下的心情，通过调节灯光的亮度和色彩，营造出或放松或清新的氛围。

使五感都得到享受的浴室示例

插图：小山幸子

2 解决威胁健康的冬季温差问题

1 换气扇与 24 小时机械换气系统

为了排出浴室的湿气，有必要使用换气扇。比起开窗通风，在密闭空间利用换气扇换气效率更高、更卫生。除此之外，换气扇还能限制室外空气的流入，具有防霉效果。

如果 24 小时机械换气系统中包含了浴室的换气扇，就不用设置开关了。如果设置了开关，应该注明是 24 小时换气，以免误关。

2 热休克与多功能浴霸

由于浴室和浴缸的温差等原因，身体出现了不良反应，这就是热休克。特别是老年人，可能会因为血压的急剧升高而在浴室内跌倒，或者在浴缸中溺水。情况严重时还有可能导致死亡。

从 12 月到次年 2 月的冬季是沐浴事故发生的高峰期。设置浴室的预热暖气具有不错的效果。因为暖气设备比较齐全，所以在北海道沐浴事故发生的概率很低。

多功能浴霸具有通风换气、预先制暖、烘干衣物和送凉风的功能，有时还具有桑拿功能。在设备类型上，有埋入吊顶的样式，也有在翻新装修时也能够方便安装的壁挂式。

多功能浴霸和地暖类似，都有燃气式和电热式（电热器式、热泵式）两种热源选择。电热式又有 100 V 和 200 V 两种。可以参考商品样式，选择适合浴室尺寸的类型。

有时，一台多功能浴霸能对盥洗室、卫生间等多个房间进行换气和制暖。由此可见，浴室、盥洗室的换气制暖设备是多种多样的，可以进行不同的选择和组合。比起分开考虑浴室、盥洗室的设备，不如进行整体规划。

沐浴事故身亡者比例

65 岁以上的老年人在冬季沐浴时需要格外小心。

65 岁以上与 65 岁以下的溺亡者比例

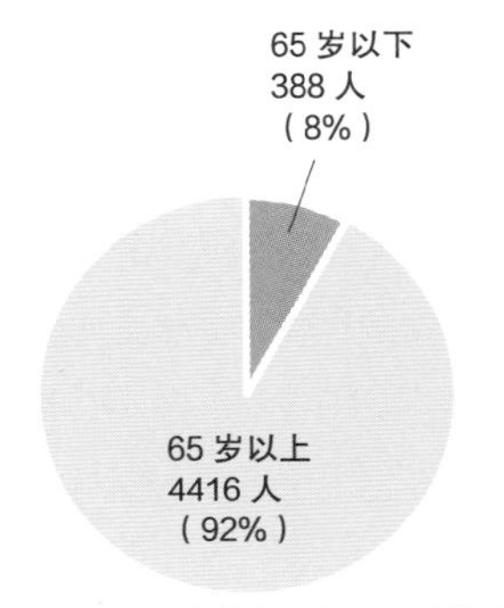

（出处：消费者厅主页　新闻发布于 2017 年 1 月 29 日）

按月份统计的沐浴事故身亡者数量（东京 23 区内）

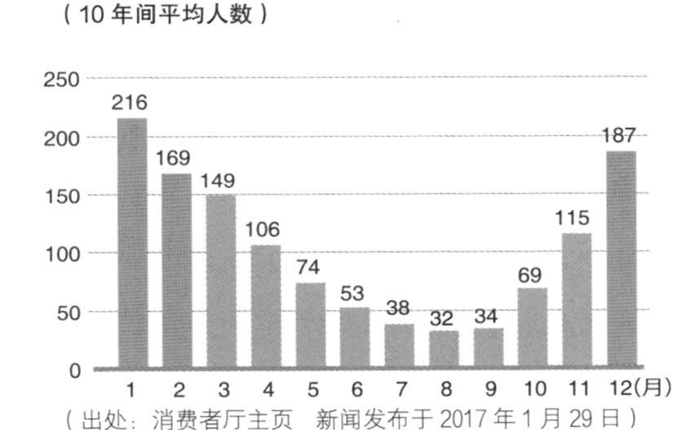

（出处：消费者厅主页　新闻发布于 2017 年 1 月 29 日）

多功能浴霸（浴室换气、干燥、制暖设备）

二室同时制暖、三室同时换气示意图

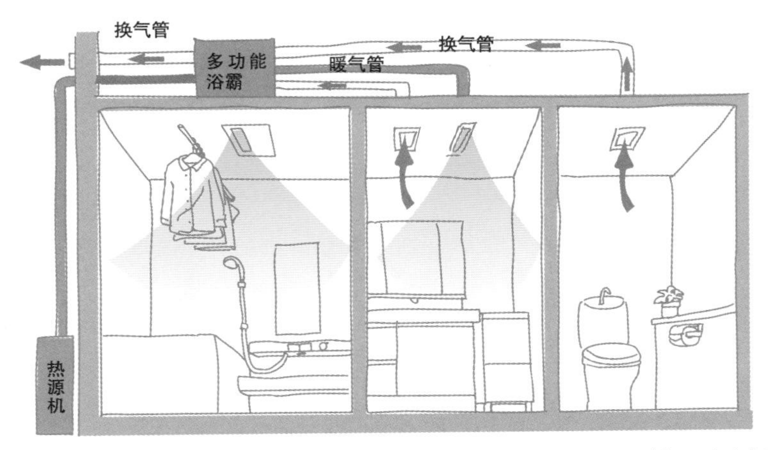

插图：小山幸子

3 适老化浴室设备

1 整体浴室的平面与空间尺寸

❶ 门与浴缸的位置关系

如果淋浴器安装在门的正对面，使用沐浴专用轮椅的人不用转换方向就能离开浴室，非常方便。另外，有时使用淋浴器不一定是为了沐浴，所以最好优先规划淋浴器的位置。在使用完淋浴器之后，人们需要转移到浴缸中，这段移动过程往往是侧对墙壁的，还请考虑对应的辅助措施。

❷ 淋浴区的宽度

淋浴区的宽度一般是 0.8~1.2 m，如果纵深是 1.6 m 的话，就足以使用沐浴椅，也为看护者绕行到侧面或者后方提供了足够的空间。通常情况下，1616 型整体浴室的淋浴区的尺寸是 0.8 m × 1.6 m 左右，1620 型整体浴室的是 1.2 m × 1.6 m 左右。对 1616 型的尺寸而言，看护者在后方进行协助会比较方便，而 1620 型的在侧面协助会比较方便。

2 扶手（A、B、C、D、E 分别与右图对应）

浴室的扶手是为了 A（进出浴室时）、B（在淋浴区坐下或站起时）、C（跨入跨出浴缸时）、D（保持安全的沐浴姿势时）而设置的。其中 B 和 C 的扶手往往合并为一个来使用。

适老化对策等级的第二级到第四级必须设置 C 扶手。如果设置了 B 以外的全部扶手，则符合适老化对策等级的最高等级第五级的要求。除此之外，如果设置 E 扶手（方便在淋浴区移动的横向扶手，高于地面 750 mm 处），就更稳妥了。

3 其他设备

❶ 多功能浴霸（浴室换气、干燥、制暖设备）

多功能浴霸是应对沐浴时热休克的有效措施。如果多功能浴霸还具备桑拿功能的话，就能让人即便不泡在浴缸中也能享受到与浸浴相同的效果。因此，老年人和看护者双方的负担都能得到减轻。

另一方面，由于老年人的住所里衣物数量有限，如果能使用多功能浴霸的干衣功能、将浴室作为主要的干衣场所，就能省去在各个房间中移动的麻烦，并且更为安全。

❷ 浴室通话器

浴室通话器带有通话按钮，当按钮按下时，可以利用厨房和浴室的通话器进行通话，借此确认老年人或儿童的入浴状况，令人放心。

淋浴区的宽度与看护方式

1616 型整体浴室

600~

800

便于从后方进行协助

1620 型整体浴室

600~

1200

便于从侧面和后方进行协助

扶手的设置位置与距离尺寸

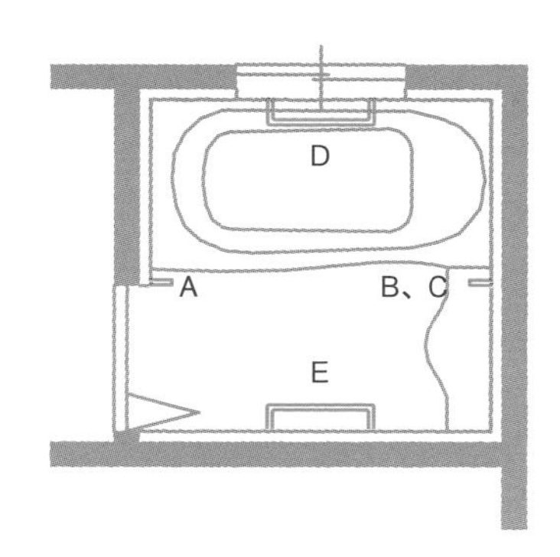

A：下端距离地面 750 mm，长度大于 600 mm 的纵向扶手

B、C：下端距离地面 600 mm，长度大于 800 mm 的纵向扶手

D：高于浴缸 200 mm 左右的横向扶手

E：高于地面 750 mm 的横向扶手

03 盥洗室设备

盥洗台有各部件一体化的整体式，也有定制式。前者只能供人在限定范围内挑选颜色、图案等，而后者从盥洗柜、盥洗盆、门的配色花样把手，都可以任意搭配组合。而最近，又推出了结合了二者各自优点的半定制式盥洗台产品，设计感和功能性都得到了提高。

通常情况下，盥洗台的设计感越强，收纳能力就越差。考虑到盥洗室整体的收纳能力，有必要谨慎挑选盥洗台。

考虑到盥洗室收纳能力的盥洗台设计

1 盥洗台的选择

❶ 盥洗台的尺寸（宽度与高度）

整体式盥洗台的宽度通常有 600 mm、750 mm、900 mm、1200 mm 几种。在尺寸为 1 坪（1.82 mm × 1.82 mm）的盥洗室中，如果需要将盥洗台与洗衣机并列设置，那么往往会选用 900 mm 宽的。如果家庭成员中女性较多，那么设置双盆盥洗台，或者设置具有腿部空间的盥洗台的盥洗室是比较推荐的。

便于使用的盥洗台的高度为使用者身高的二分之一。虽然盥洗台是各个家庭成员都需要使用的设备，但最好按照使用频率、使用时间都比较长的女性的情况来定制。至于立柱式盥洗台，由于其盥洗柜和盥洗盆不一样高，因此需要注意高度的设定。

市面上也在售卖一种局部盥洗柜可升降的、经过通用化设计的盥洗台。

❷ 盥洗盆的选择

盥洗盆的材质有树脂、陶瓷、人造大理石、金属等类型。树脂或人造大理石材质易于塑形，这两种材质的盥洗盆能与盥洗柜融为一体，还有许多充分考虑了清洁性的设计。

确保收纳空间的方法

仅仅利用盥洗台来收纳是不够的。如果出入口被设置在下图中的位置（即房间右下角，正对洗衣机的位置），就没有收纳空间了。但如果把出入口设置在靠近浴室的位置，就能够确保在洗衣机对面有一处收纳空间。

调整出入口的门的位置

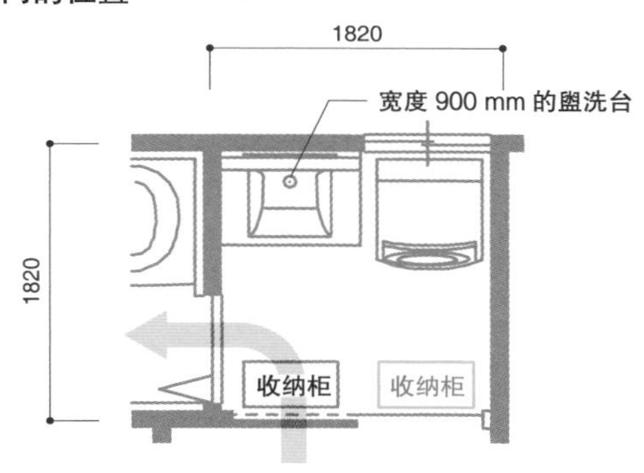

便于使用的盥洗台的高度示例

为了方便身高 160 cm 左右的女性使用，许多制造商都将 800 mm 的高度作为设计标准。

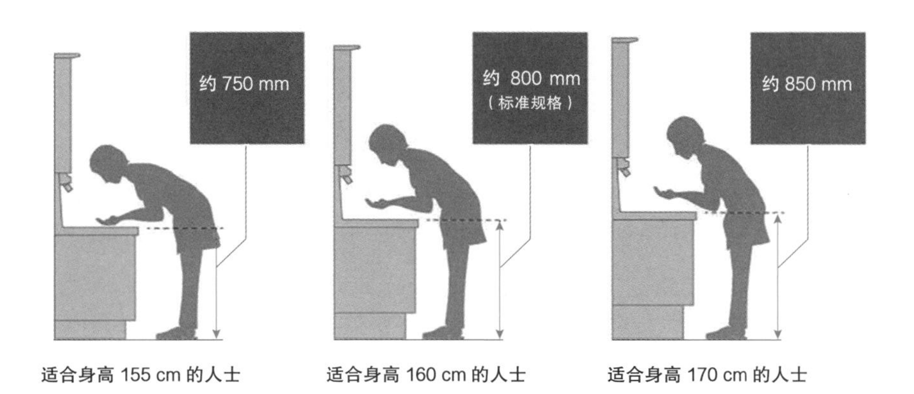

（出处：LIXIL 股份公司　https://www.lixil.co.jp/lineup/powderroom/plara/variation/variation01.htm）

对于比较有质感的陶瓷或金属制盥洗盆，往往会被固定在盥洗柜上方，制成台上式（立柱式）盥洗台来使用。这种情况下盥洗柜与盥洗盆会有高差，所以需要注意清洁性和设置高度。除此之外，也有将盥洗盆的半部嵌入盥洗柜、减少高差的半嵌入式盥洗台。

❸ 水龙头

水龙头有许多便捷性与节水性兼具的选择，包括能抽取下来使用的淋浴水龙头、挥挥手就能使用的感应式水龙头等。天鹅颈水龙头、鹅颈水龙头等富有设计感的水龙头也越来越普遍了。

通常情况下，水龙头会被安装在盥洗柜上面。不过，为了避免藏污纳垢，也可将其安装在正面高些的部分。

❹ 镜子

对于整体式盥洗台，通常配有附带收纳柜的单面镜或三面镜。如果需要进行化妆等细致的活动，选择能将镜子拉到身前的种类会比较合适。

另外，有的镜子会按照与儿童视线相匹配的位置来设置，有的镜子具备防雾功能，还有一些镜子能够防止湿气在内部的收纳柜中聚集。总之，如果选用定制式盥洗台的话，就能自由地安装心仪的镜子了。

❺ 悬柜与其他

为了存放毛巾、洗涤剂等各种储藏品，盥洗室必须具备收纳功能。有时，还需要收纳内衣、睡衣和纸尿裤等。由此可见，收纳量的需求会因生活方式的不同而有很大差异。

当收纳量不足时，有必要采取一些对策。比如：在盥洗台上面增设悬柜、调整盥洗台的宽度、增设边柜（例如将宽 1200 mm 的盥洗台换为宽 900 mm 的，并增设宽 300 mm 的收纳柜）等。

另外，将最下方的收纳柜当作踩脚台来使用的样式既方便幼童使用盥洗台，又方便女性使用悬柜，是一种便捷性很高的样式。

最后，如果盥洗台的地脚线位置能够收纳体重秤的话，一直靠着墙摆放的体重秤一下子就能被收拾整齐。

盥洗盆的种类

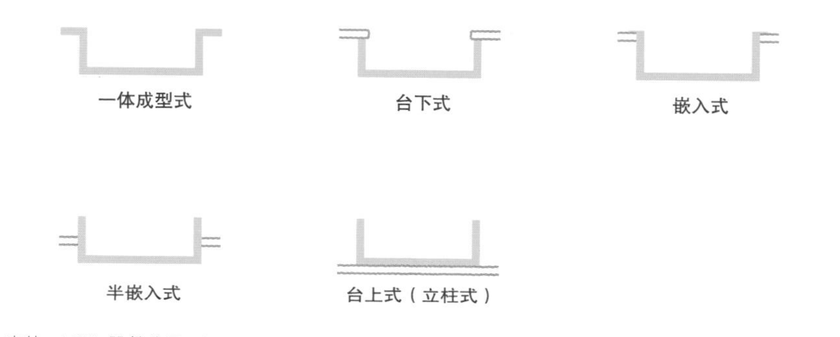

（出处：LIXIL 股份公司　https://www.lixil.co.jp/lineup/powderroom/plara/variation/variation01.htm）

便于收纳的盥洗台样式示例

踩脚台

（出处：LIXIL 股份公司　https://www.lixil.co.jp/lineup/powderroom/plara/variation/variation01.htm）

体重秤收纳

（出处：LIXIL 股份公司　https://www.lixil.co.jp/lineup/powderroom/lc/variation/watertap_cabinet/）

2 洁具卫浴的选择

❶ 洗衣机（防水）底板或排水阀

洗衣机底板的优点在于，能够在排水管脱落的情况下有效防止向楼下渗水，以及能够避免洗衣机的震动传导到楼下。反过来看，它的缺点在于美观程度低于排水阀，而且清洁性较差。洗衣机底板的标准尺寸是 640 mm × 640 mm，但为了配合尺寸逐渐加大的洗衣机，也有以 740 mm × 640 mm、800 mm × 640 mm 等为标准的尺寸。

对于附带有供水栓的洗衣机底板，由于可以直接通过洗衣机底板的供水栓向洗衣机供水，所以不必在墙面上为洗涤用水设置水栓了。这种做法能使洗衣机后方的空隙变大，方便在合适的高度设置置物架等。

相较之下，排水阀的优点是能使洗衣机底部较为整洁。需要注意的是，当排水阀位于洗衣机下方时，为了收纳排水管，可能需要抬高洗衣机。而设置排水阀的缺点是当排水管脱落时，可能会向楼下渗水。因此，除洗衣机在最底层的情况外，更推荐选用洗衣机底板而不是排水阀。另外，如果把洗衣机放置在装有脚轮的抬高的底板上，有需要的时候就能轻松地移动，使打扫和检查都非常方便。

❷ 单水阀或混水阀

洗衣机的水龙头一般带有自动止水阀，选用这种水龙头时，即便软管脱落了也不用担心。以前，大部分家庭都是用普通的水来洗涤，而如今选用热水来洗涤以使污渍更容易去除的家庭越来越多了。洗衣机也增加了热水洗的功能，用混水阀代替单水阀成为今后的主流。

当水龙头被设置在墙壁上时，为了避免被供水管、基础和垫木干扰，还请采用管道保护套等措施。

❸ 多功能水槽

多功能水槽是一种便于预清洗的设备。虽然有时也能用盥洗台代替，但如果需要浸洗，盥洗台就派不上用场了。所以，如果有足够空间的话，还是设置一个多功能水槽比较好。至于多功能水槽的水龙头，还请选用混水阀的样式。

❹ 室内烘干功能

如果盥洗室面积在 1 坪（约 3.3 m^2）左右，是无法同时晾晒大量衣物的。但是可以做晾晒的准备。如果有室内干衣设备（参考第 148 页）的话，可以把洗好的衣物挂到衣架上，提高效率。

当把盥洗室作为室内晾晒空间来使用时，选用具备促进干燥、抑制异味等功能的专用风扇，或具备干衣功能的暖气会比较方便。

供水栓设置示例

情况 1：贴壁式供水栓

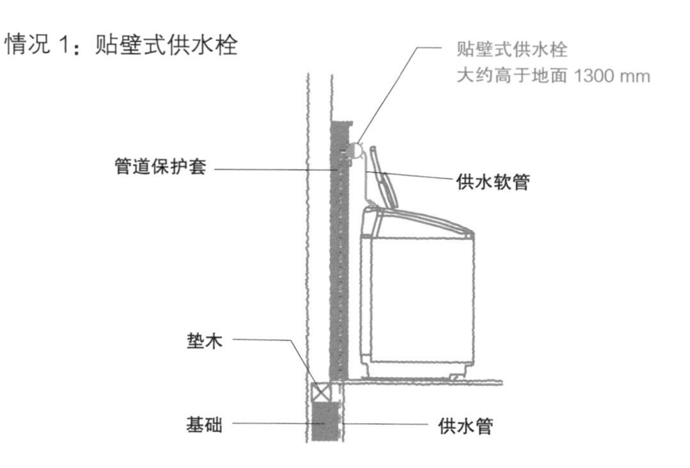

情况 2：附带有供水栓的洗衣机底板

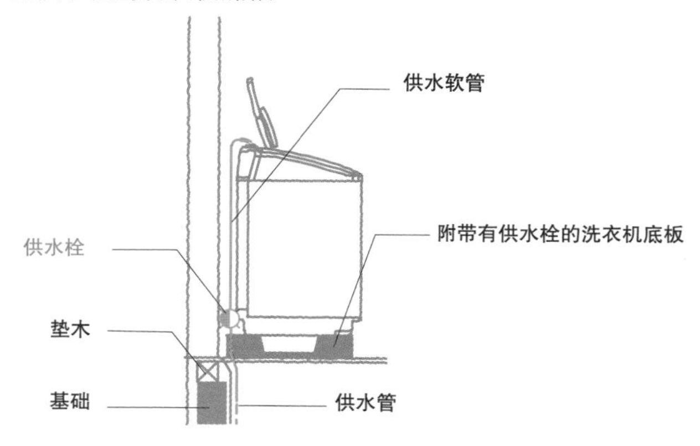

2 防潮又便利的布局

1 照明布局方案

盥洗室整体照明的推荐照度是 100 lx，剃须或化妆时面对人的铅直面照度是 300 lx。

为了给化妆等行为提供必要的亮度，不仅需要使用盥洗台附带的照明，还应在房间中央设置整体照明灯具。如果面积为 1 坪（1.82 mm × 1.82 m）的盥洗室采用筒灯来照明，那么设置 1 到 2 盏灯比较好。当盥洗台或洗衣机上方有悬柜时，吊顶的中心线会有所偏离，需要特别注意。

另外，由于盥洗室是湿度较大的房间，所以选择防潮湿的灯具会比较稳妥。而带有人体感应器的灯具则能防止人们忘记关灯。具备除臭、除菌等功效的多功能灯具也正在开发中，不妨考虑一下。

为了方便在沐浴中操作照明、换气扇、多功能浴霸等设备的开关，可以将开关集中设置在浴室门附近。这种做法能将开关归置整齐，还能提高便利性。

2 插座布局方案

盥洗室常用电器包括洗衣机、干衣机、室内除湿专用风扇等全年间都固定使用的家电，也包括普通风扇、暖风机、吸尘器等在移动中使用的家电，此外，还包括电动剃须刀、吹风机、电动牙刷充电器等在盥洗台处使用的家电。

盥洗室必需的插座除了供固定家电使用之外，应至少设置 1 处以上（推荐设置 2 处）供移动家电使用的插座。

在盥洗台处使用的家电需要使用盥洗台附属的插座。如果插座不足，还请在没有溅水危险的位置添加插座。

对于洗衣机的插座，为了避免受潮湿和灰尘的影响，避免被洗衣机挡住，还请将插座设置在比洗衣机高 200mm 以上的位置。

在使用洗衣机底板，或者需要抬高洗衣机的情况下，为了避免上述问题的影响，请把插座设置在有高度富余的地方。另外，应为插座设置带接地线的专用回路。

照明、开关、插座设置示例

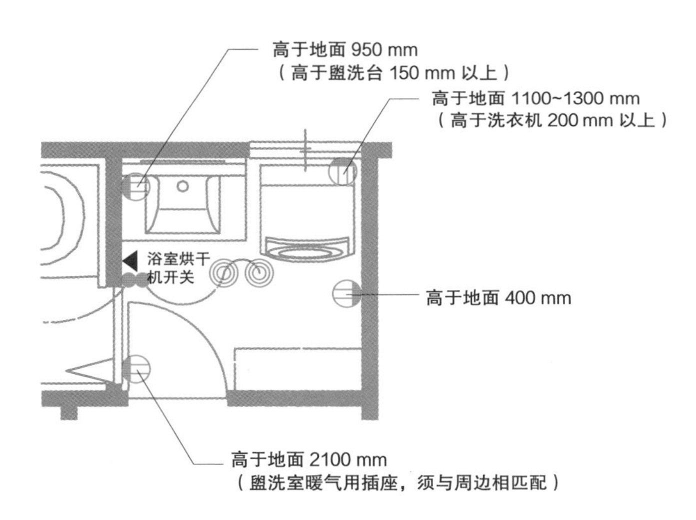

·洗衣机插座高度

为了方便清洁洗衣机下方而设置抬高底板时，洗衣机高度会增加 100 mm 左右。另外请注意，对于使用排水阀、向正下方排水的情况，抬高洗衣机也是有必要的。

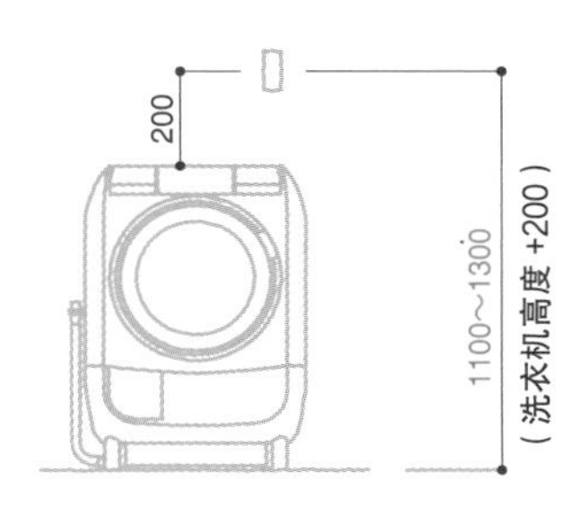

3 改善湿冷的盥洗室环境

1 通风设备的选择

在盥洗室中，最好设置能在短时间内排出沐浴、洗涤所产生的湿气的换气扇。

带有湿度传感器的换气扇能在实际湿度大于设定湿度时自动运行，小于设定湿度时停止运行。如果外墙上空间不足，则可以选择吊顶嵌入式的换气扇。即便是在房间有窗的情况下，也推荐设置一台换气扇，这样能省去开窗关窗的麻烦，而且，换气时也不用担心被人从屋外窥视。另外，换气扇能限制室外空气的流入，达到防霉的效果。

就外观方面考虑，还请避免将换气扇的风帽显露在建筑物正立面上。

2 制暖设备的选择

为了预防热休克（参考第 84 页），应在浴室和盥洗室都采取应对措施。

通常，人们是从温暖的房间进入寒冷的盥洗室，并宽衣入浴；沐浴完毕后，身体暖和了，又要回到寒冷的盥洗室来穿衣服。所以，盥洗室中反复发生着非常危险的温度变化。为了防范危险，在盥洗室设置暖气是十分有效果的。

盥洗室往往比较狭小，而且储放着许多衣物之类的可燃物，所以并不适合设置暖风机等摆在地面上的暖气设备。作为对策，可以充分利用多功能浴霸（浴室换气、干燥、制暖设备）的功能，或者在盥洗室设置吊顶嵌入式、壁挂式暖气等。

通常，暖气设备除了制暖外，还具有凉风功能，有时还具有干衣功能。当暖气是电热式时，还请选择适合盥洗室空间大小的规格（100 V、200 V）。

换气扇设置示例（北侧临街的情况）

换气扇的设置位置应考虑到建筑外观。当把换气扇设置在外墙上时，B 位置比 A 位置更隐蔽，所以是更合适的选择。如果在 C 位置（吊顶）或 D 位置（浴室门上方）设置，并利用较低的浴室吊顶的上方空间向西侧排气，也是不错的选择。

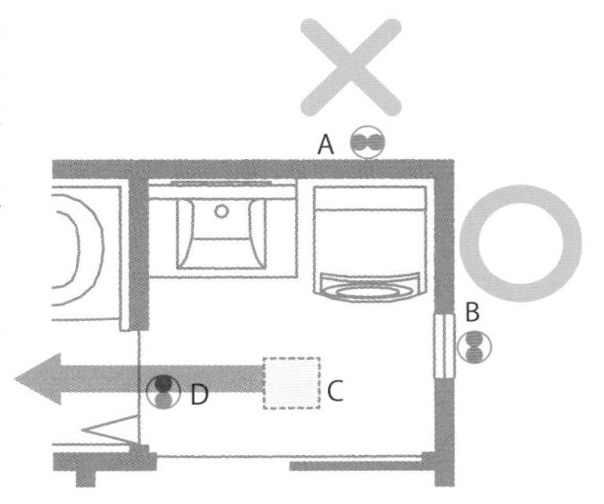

盥洗室暖气示意图

将浴室、盥洗室的室温调控一致是预防热休克的要点。

插图：小山幸子

4 适老化盥洗室设备

1 盥洗台的设置与空间尺度

❶ 盥洗台的设置

可以将盥洗室与老人的卧室设置在同一楼层。盥洗室靠近卧室是比较方便的，但是，浴室、盥洗室的使用时间往往比较晚，使用时会产生长时间的吹风机响声之类的声音，所以需要注意避免造成噪声干扰。

当盥洗室与卧室相邻时，应对噪声问题采取对策。比如，将收纳空间布局在二者中间，并选用能够有效隔音的墙壁等。

❷ 必要的空间尺度

更衣所需的空间尺度大约是：左右方向 1.2 m，前后方向 0.7 m。但如果有看护需求，或亲子共同使用的话，应以 1.2 m × 1.2 m 为标准。

关于洗涤所需的空间尺度，在使用滚筒洗衣机的情况下，洗衣机正面需要 600 mm 以上的空间，以作为开关门的空间和操作空间。对于立式全自动洗衣机，由于可以从侧面操作，所以洗衣机对正面空间没有特别要求。

关于人们在盥洗台进行的各类行为所需的空间，为了能弯腰洗脸，盥洗台正面应留有 600 mm 以上的空间。当有轮椅使用需求时，则应确保 1000 mm 以上的空间。

❸ 盥洗室平面布局

盥洗台是每天多次使用的设备，所以可以将其布置在便于使用的位置。如果把盥洗台布置在盥洗室的出入口的正对面，人们使用时就不用转换方向、使用轮椅时就不必折返。

如果采用相反的布局，通向盥洗台的移动路线会变得十分不便，而且也很难保证盥洗台前必要的空间尺度。

必要的空间尺度平面图

对于面积为 1 坪（约 3.3 m^2）的盥洗室，确保 1.2 m×0.7 m 的更衣必需空间尺度是可能的，但确保 1.2 m×1.2 m 就很难了。

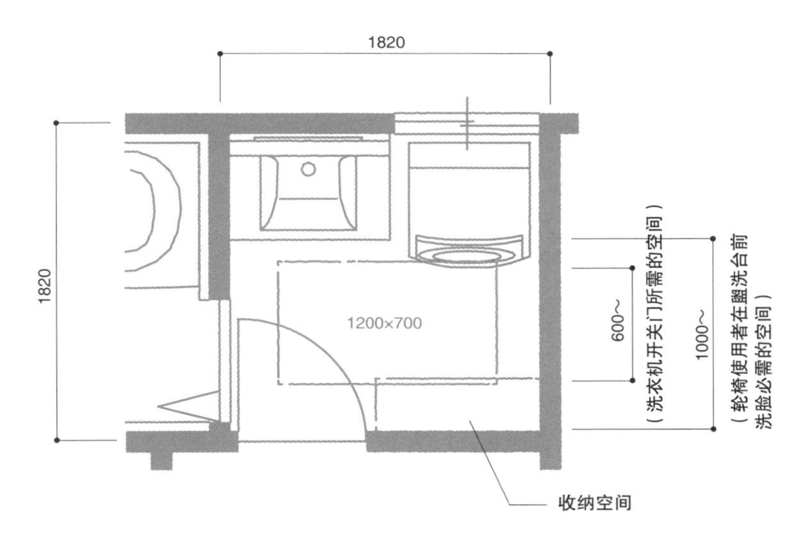

对轮椅使用者友好的盥洗台设置

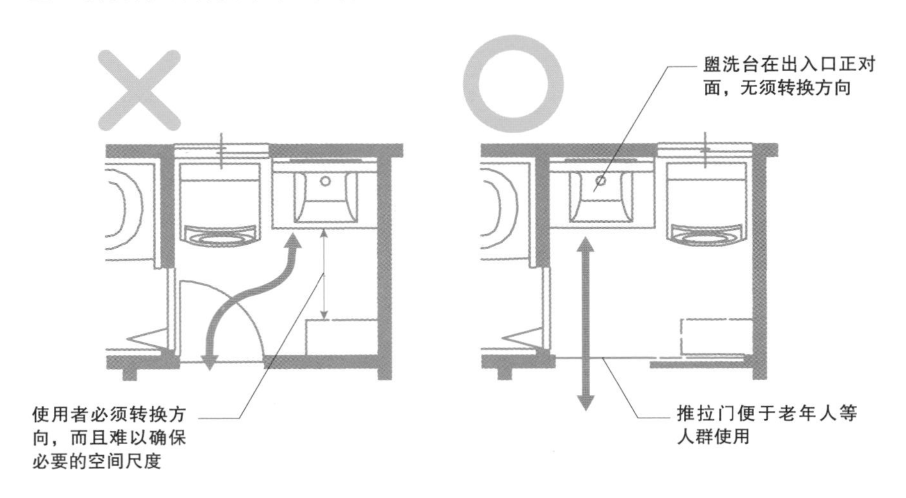

2 扶手的设置

在浴室门旁边，可以设置辅助扶手。扶手可以设置在下端离地 750 mm 的位置，扶手长度应在 600 mm 以上 [《住宅性能评价　适老化对策等级第五级》（基础加固是第三级）]。

如果在盥洗台前摆放了座椅，最好设置辅助坐立的扶手；如果盥洗室的门是推拉门，最好在门旁边设置辅助扶手。

3 无障碍盥洗台

虽然无法像通用化盥洗台那样随意改变盥洗柜的高度，但是，市面上也有将轮椅的使用作为前提来考虑的盥洗台。

即便老年人不使用轮椅，他们伸手可及的范围还是有限的。在挑选盥洗台时，选择盥洗柜空间宽敞、能放许多物品的类型比较好。

4 其他设备

设置了地下检查口（收纳库）时，其盖板可能会晃动不稳，所以还请避开人们经常通行的区域来设置。在此基础上，如果把它们设置在带有脚轮的收纳柜下方的话，还能便于检查。

扶手设置示例

在盥洗室、浴室的出入口门旁边，设置帮助人们在开关门时保持姿势的扶手会比较好。
在盥洗台前使用座椅时，也会用到辅助坐立的扶手。

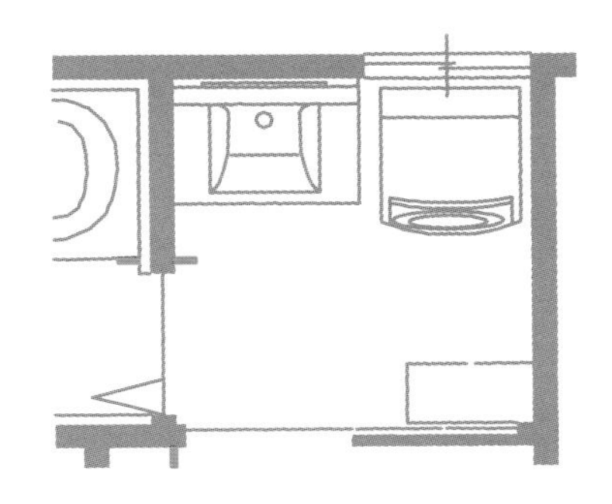

地下检查口设置示例

若要设置地下检查口，可以选在人们很少经过的地方。检查口大小一般是 450 mm × 450 mm 或 600 mm × 600 mm 的方形。

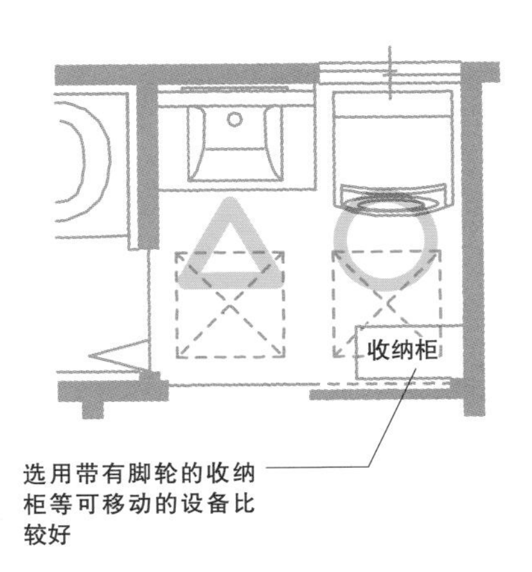

主卫生间应以供客人使用为前提，准备供人补妆的设备、方便老年人使用的扶手等。

1 含有客用空间的卫生间设计

1 坐便器的组合

❶ 组合式或一体式

坐便器的种类有坐便器主体和坐便圈组合使用的组合式，还有将两者整合为一体的一体式。

组合式坐便器价格相对便宜，而且，如果坐便圈发生损坏，或者想将坐便圈换为最新的款式，那么可以单独替换坐便圈。但与一体式相比，组合式的设计感较弱，清洁性较差。

一体式坐便器的缺点是，在发生故障需要更换部件时影响范围很大，并且无法单独将坐便圈替换为最新款式。但是，一体式的设计感和清洁性更优良。

❷ 有水箱式或无水箱式

坐便器分为有水箱的样式和无水箱的样式。

无水箱式不需要用水箱来储水，可以节省空间、连续使用，还有着不错的节水效果，只需要 10 年前水量的三分之一左右就能完成冲洗。并且，在停电、停水的时候，只要补充一些水，就能使用手动冲洗功能，十分令人安心。但是，需要注意避免在水压极低或极高的情况下设置无水箱坐便器。并且有必要另设洗手盆。

有水箱式的设置无须顾虑水压。比起无水箱式，有水箱式坐便器更便宜。如果水箱上附带了洗手盆的话，就无须另设了。而有水箱式的缺点是体积较大，会使卫生间变得狭窄。此外，因为需要等待水箱蓄水，所以无法供人连续使用。

目前，一体式的无水箱坐便器成了主流。但需要注意的是，一部分自治团体规定了无水箱坐便器的使用条件。在决定了坐便器主体和坐便圈的组合之后，接着就该决定各个部分的规格了。

组合式与一体式坐便器的区别

虽然选用一体式的人数较多，但发生故障时能够轻松更换坐便圈的组合式也很受欢迎。

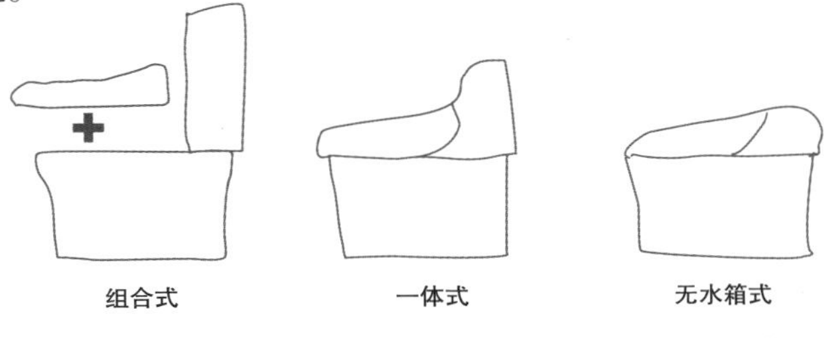

插图：小山幸子

水箱的有无对尺寸的影响

一般情况下，无水箱坐便器的纵深会小 100 mm 左右。在卫生间这类狭小的空间中，100 mm 的差别会带来富余程度完全不同的脚部空间。

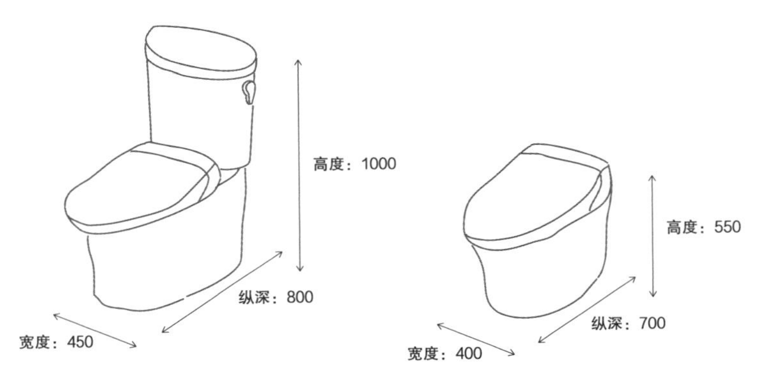

插图：小山幸子

2 坐便器的功能选择

❶ 坐便器的材质选择

坐便器的材质应该结实耐用、易于清洁、不吸水、易于加工。一般情况下，坐便器会选用陶瓷这种可以满足上述条件的材质。但陶瓷有着沉重、易碎的缺点。如今，用更容易加工、重量更轻的**特殊树脂制成的坐便器**被开发了出来，市场占有率也正在升高。虽然树脂有着不耐热的缺点，但各个制造商对材质不断改良、配备自动清洗系统、不易积污垢、便于保养的坐便器的开发得到了推进。

❷ 坐便器的功能选择

恒温坐便器不仅能升温，还能确保只有在人坐下时才使坐便器升温。智能冲洗坐便器也不仅具备温水洗净的功能，还具备按摩功能等，既环保又舒适。

以位于一楼的卫生间需要供客人和老年人使用为前提，进一步考虑到使用者的年龄增长，最好预先选用省去弯腰操作麻烦的**坐便器盖板自动开闭功能**，以及体面的**除臭功能**。

3 洗手盆的选择

在无水箱坐便器得到普及之前，标准的洗手方式是利用带有洗手盆的坐便器水箱来洗手。但随着无水箱坐便器的普及，在一楼的卫生间中设置洗手盆变得有必要了。在款式方面，有独立式洗手盆，也有和盥洗柜一体的洗手盆。

❶ 盥洗柜的有无与深度的选择

如果有盥洗柜的话，就能临时放置化妆包之类的物品，还能用鲜花等来做装饰，也能当作扶手使用。而盥洗柜下方的盒子一般是能收纳厕纸的款式。不设置盥洗柜，单独设置盥洗盆也是可能的。

进深 100 mm 到 120 mm 的盥洗柜与进深 200 mm 左右的盥洗盆组成的集成式盥洗台，能够设置在标准模数（比如宽度 910 mm）的卫生间中。

卫生间配件的布局

坐便器带有洗手盆的情况

（配件单独设置）

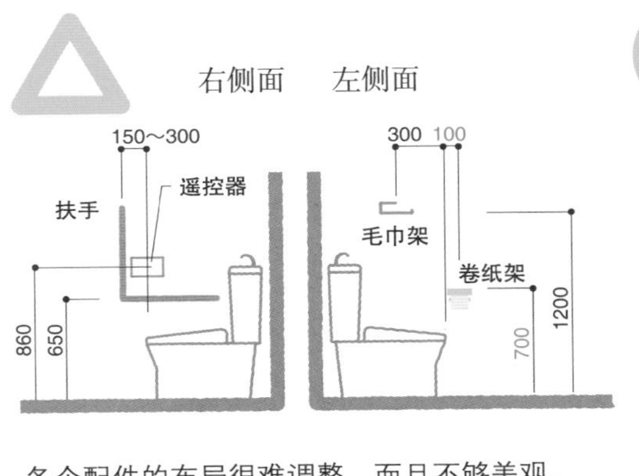

各个配件的布局很难调整，而且不够美观。

（一体式设置）

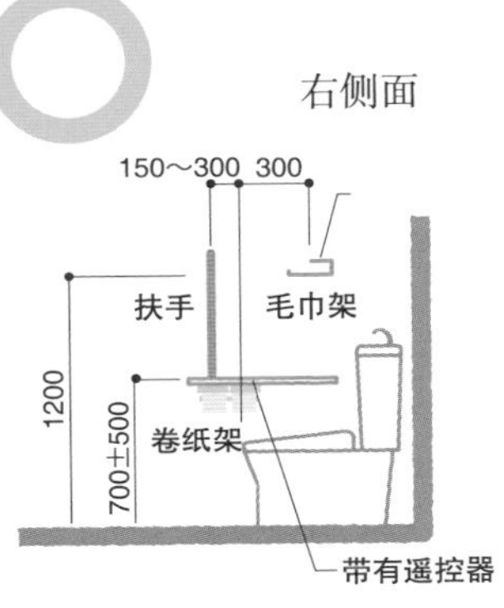

能进行高效的配件布局。

设置带洗手盆的盥洗柜的情况

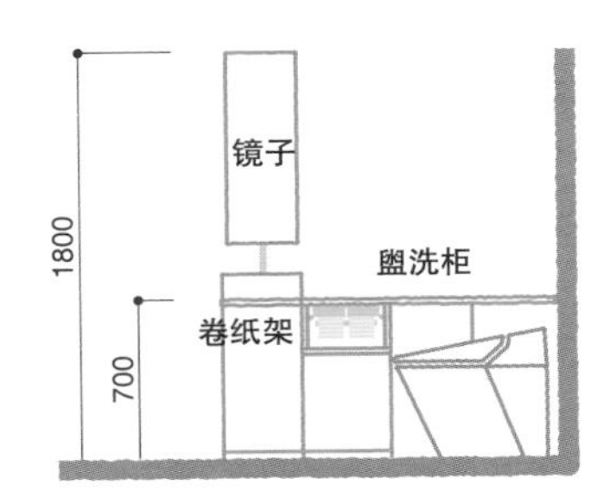

盥洗柜的进深较大（300 mm 左右），所以无法和扶手在同一面墙上设置。

设置节约空间的带洗手盆的盥洗柜的情况

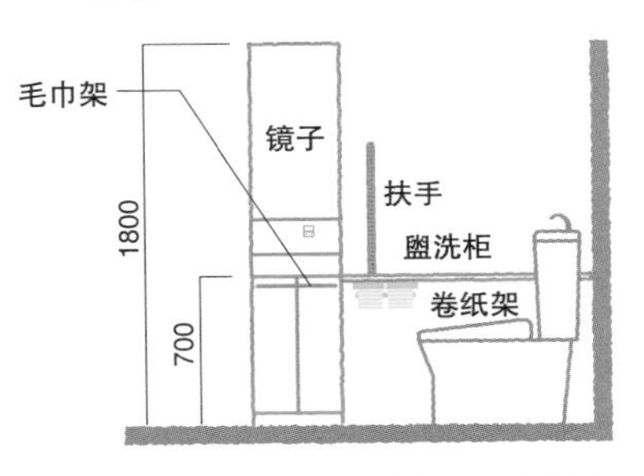

可以将扶手和盥洗柜设置在同一面墙上。

如果设置了进深 300 mm 左右的盥洗柜，应该将卫生间的宽度从 1000 mm 扩大到 1250 mm（以米为模数的情况下）。这样一来，盥洗盆的选择范围会扩大，比如与盥洗柜一体式或者立柱式等。

❷ 收纳量的选择

卫生间用品可以收纳在卫生间内部。同时考虑盥洗柜下方的储物箱及其他收纳空间，请规划出能确保必要的收纳量的卫生间吧！

❸ 水龙头的数量

水龙头有手动、自动、混水阀三种选择。如果无法将混水阀水龙头专用的热水器装进收纳柜中，那么有必要将混水阀与热水器主体连接起来。如果混水阀与热水器距离较远的话，出热水的时间就会变长。

❹ 附属配件的选择

带洗手盆的盥洗柜有与卷纸架、坐便器喷水洗净遥控器组合在一起的样式。集成式的盥洗柜还能和扶手进行一体化设置。如果设置镜子的话，补起妆来会非常方便。

卫生间收纳示例

收纳一体式坐便器与带洗手池的盥洗柜的组合能提供的收纳量的标准

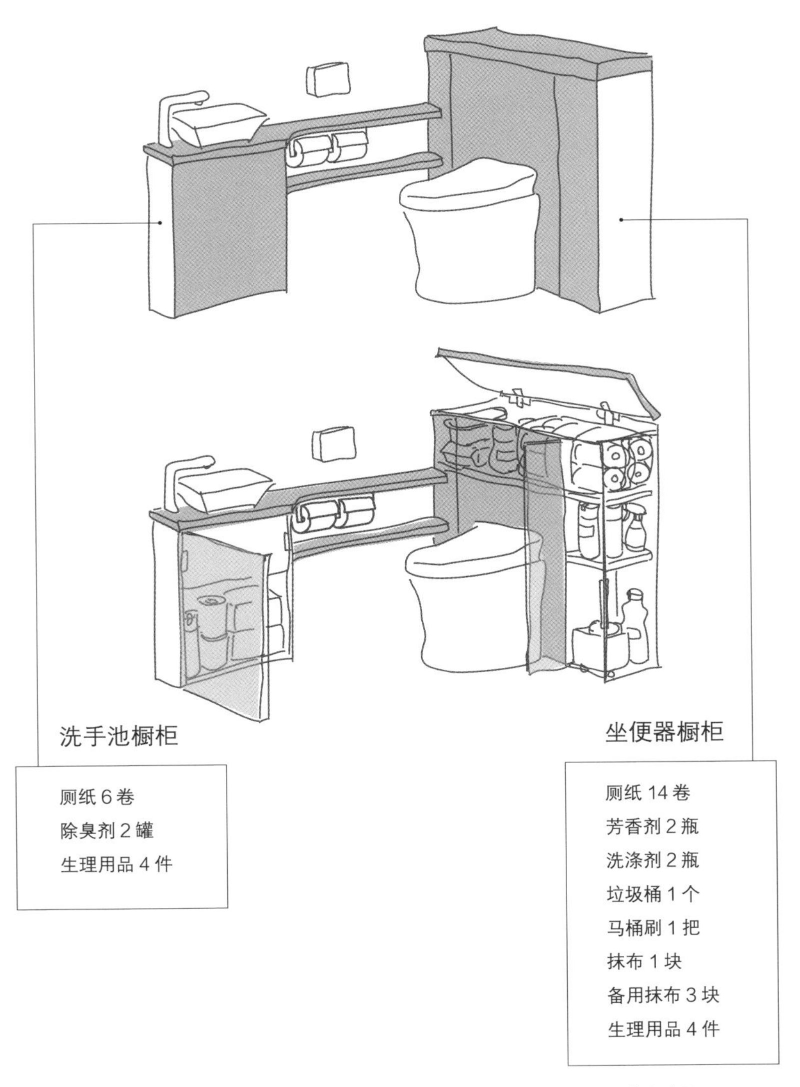

洗手池橱柜
厕纸 6 卷
除臭剂 2 罐
生理用品 4 件

坐便器橱柜
厕纸 14 卷
芳香剂 2 瓶
洗涤剂 2 瓶
垃圾桶 1 个
马桶刷 1 把
抹布 1 块
备用抹布 3 块
生理用品 4 件

插图：小山幸子

2 卫生间外的开关布局与柔光照明

1 照明布局方案

推荐的卫生间整体照度是 75 lx，但在夜间，眼睛习惯了黑暗，可能会对这一照度感到晕眩。所以可以将照度适当降低 10~20 lx。如果难以按昼夜分别调整照度，那么可以单独将二楼卫生间的灯具调节至适合夜间使用的照度。

- **照明器具**

在为吊顶配灯时，为了不照出人影，可以在坐便器正上方配灯。对于楼梯下的卫生间等吊顶很低、灯具易造成干扰的类型，选用筒灯或安装在墙壁上的壁灯能够减轻压迫感。需要注意以下几点：为了避免让人在如厕时感到晕眩，应该避开在坐便器的正前方或正后方设置灯具；应该在高于视线、不会产生干扰的位置设置灯具（高于地面 2.0 m 以上）；为了避免让人在进入卫生间时感到晕眩，应该在门打开的一侧设置灯具。

因为一楼的卫生间可能会供客人使用，所以大多采用强调室内装饰感的间接照明。用檐板照明照亮墙壁时，受到光的反射率影响，墙壁的颜色（明度）会发生变化，从而调节房间的明亮程度。

对于卫生间的照明，从防止人们忘记关灯的角度来看，比较推荐选用带人体感应器的灯具。现在具有除臭、除菌等功效的多功能灯具正在开发中，不妨考虑一下。

- **开关**

将开关布置在从房间外就能操作的位置是比较明智的，其原因包括：人们往往不乐意进入没有预先开灯的黑暗房间；应使客人轻松地找到开关的位置；在卫生间中应无须反复开关灯具。采用这种开关布置方式时，为了避免与其他开关混淆、使人错误关闭照明，可以考虑设置单独的开关面板。

2 插座布局方案

为了供坐便器使用，请在坐便器侧面易于维护的位置设置插座（带有接地线和专用回路）。要避免插座被挡住，把插座设置在经常能看见的位置，能够减小漏电等风险。

坐便器的洗手盆选用自动水龙头时，需要额外的电源。在寒冷地区，有可能需要设置三位以上的插座。

灯具与插座设置示例

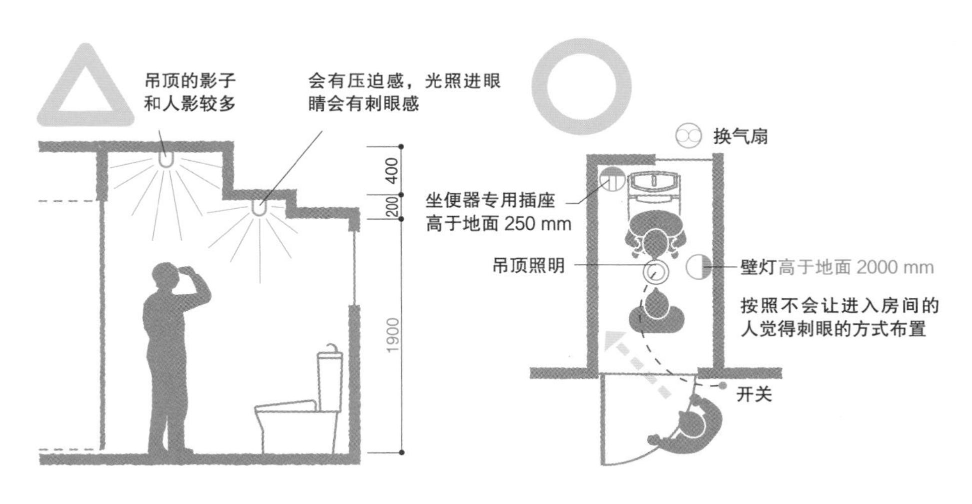

具备空气净化功能的 LED 吸顶灯
带有人体感应器（松下）

（出处：松下股份公司 https://panasonic.jp/light/products/equipment/toilet.html#lineup）

24 小时换气扇开关面板示例

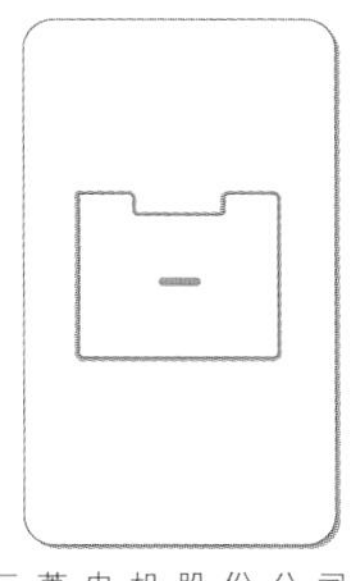

（出处：三菱电机股份公司 https://www.mitsubishielectric.co.jp/ldg/ja/air/products/ventilationfan/component/advantage_05.html）

3 隐藏式 24 小时换气设备

1 局部换气的必要性

为了防止异味扩散，请在卫生间中设置换气扇。当卫生间的窗户在打开状态、厨房的抽油烟机在运转时，很可能导致卫生间内的空气被推入起居室、餐厅和厨房。为了避免这一现象，不仅应在使用卫生间时打开换气扇，而且在使用后为了排出异味，也应该使换气扇自动运转一段时间或保持运转。还有一种换气扇，因为带有人体感应器，能够在平时低功率运转，在有人进入时迅速以高功率换气，值得考虑。

当 24 小时机械换气系统中包含了浴室的换气扇时，就不用设置开关了。如果设置了开关，应该注明是 24 小时换气的开关。

2 必要换气量与设备的选择

根据建筑设备设计标准，卫生间的换气次数应为 5~15 次 / 小时，标准大小的卫生间应采用 20~60 m^3 / h 的换气量。所以在选择设备的时候应考虑上述标准。

另外，影响有效换气量的因素不只包括换气扇的功能，还包括换气扇与风帽的组合、防火挡板的有无等。换气扇的叶片或滤网有可能在有脏污的情况下被使用，从而导致换气量的下降、噪声的增大、耗电量的提高等。所以，为了维持换气扇的功能，必须进行定期维护。

3 外观

特别是在建筑物北面临街时，常常出现卫生间窗户、换气扇风帽被设置在正立面的情况。从外观和保护隐私的角度出发，还请尽量将窗户或换气扇风帽避开正面设置。

容易扩散异味的卫生间示例

当卫生间换气扇停止工作、卫生间窗户保持打开，并且抽油烟机在大功率运转时，卫生间的异味很有可能穿过各个建筑构件溢入起居室中。所以，卫生间的换气扇应保持运转，以保持室内的负压状态。

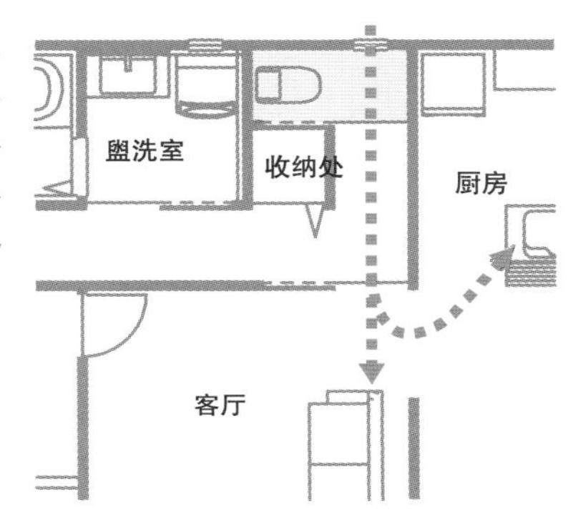

外观推敲示例

在右侧的例子中，卫生间和楼梯的位置得到了调换，卫生间的窗户和换气扇被挪到了正立面以外的墙面上。此外，收纳空间也得到了更有效的利用，使用楼梯的安全性也提升了，优点非常多。

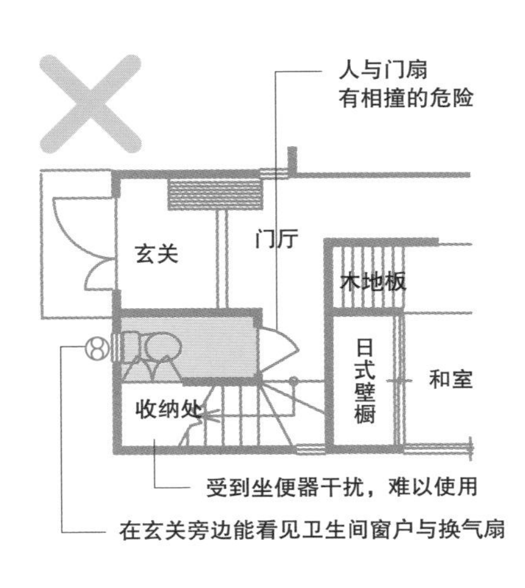

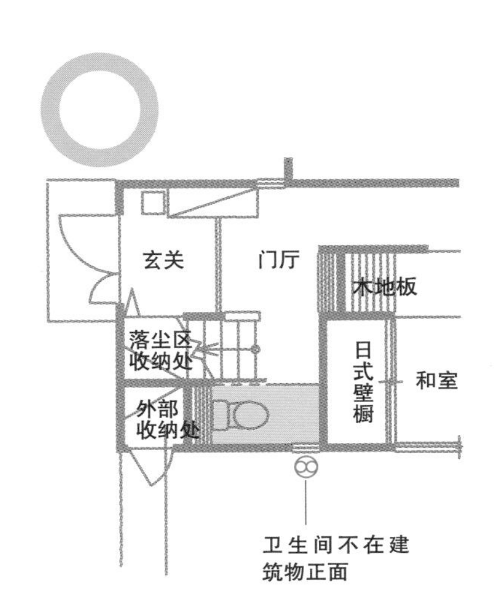

4 适老化卫生间设备

为了让客人和老年人等群体都能轻松地使用卫生间，有必要将扶手等配件设置妥当。

1 卫生间布局与空间尺度

❶ 卫生间布局

请务必在有老人卧室的楼层设置卫生间。虽然卫生间距离卧室越近越方便，但这种情况下需要采取适合的防噪声措施。如果是专用卫生间，布置在房间内部也可以。

喷水洗净坐便器（商品名称：床边洗净坐便器）已经问世，它可以将排泄物粉碎、压缩，因此排水管较细，并且可以根据需要进行移动。这种坐便器可以安装在床边，对于步行有困难的人士，或需要在床边有坐便器的人士来说，是十分方便的，能减轻使用者和看护者双方的负担。

❷ 必要的空间尺度

- **住宅性能评价中适老化对策等级第三级的尺度规范**

应确保卫生间长边内尺寸达到 1.3 m 以上，或者坐便器的前方或侧方距离墙壁 0.5 m 以上。第四级在满足第三级的长边尺寸要求的基础上，规定卫生间短边内尺寸应达到 1.1 m 以上。最高等级的第五级规定，卫生间短边内尺寸应达到 1.3 m 以上，或者坐便器后方的墙壁与坐便器前端的距离应增加 0.5 m。以上规范都是为了保证卫生间内部空间能方便人们不受阻碍地做出转身等动作。

无水箱坐便器的纵深为 700 mm 时，从坐便器后方到坐便器前端，再算上间隙，总距离为 720 mm。在坐便器前方加上 500 mm 便是 1220 mm。所以对于一般的木结构住宅，墙壁中轴线之间有 1350 mm 的间距时，就符合适老化对策等级第三级的要求了。

床边洗净坐便器

因为这种坐便器具有喷水洗净功能，所以不会产生异味，不用用手擦拭。并且这种坐便器可以移动，可以在其他装修工程之后安装。

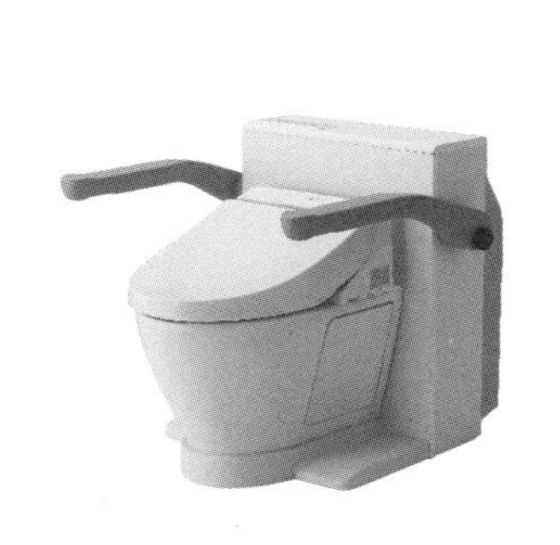

（出处：TOTO 股份公司　https://jp.toto.com/company/press/2015/04/02_001861.htm）

床边洗净坐便器的结构
（在独栋住宅中设置的示意图）

室内
室外
粉碎压缩机
坐便器
供水软管
污物
废水
排水软管
底板（未固定在地板上）

（出处：TOTO 股份公司　https://jp.toto.com/products/ud/bedsidetoilet/structure.htm）

适老化对策等级第三级的卫生间空间尺度

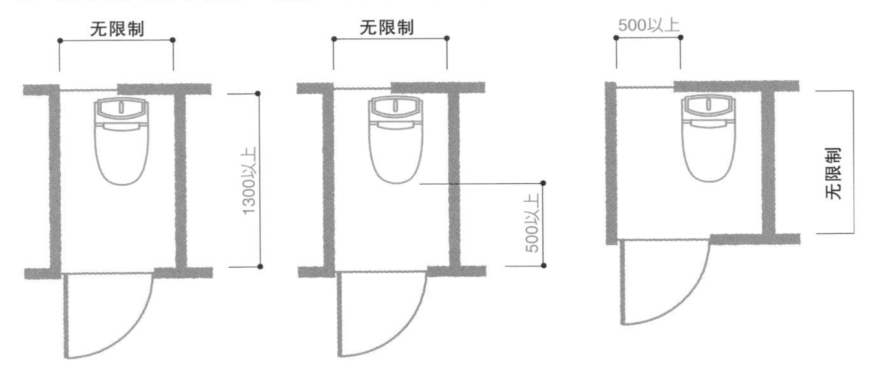

第五级	短边内尺寸达到 1.3 m 以上；或者坐便器后方的墙壁与坐便器前端的距离增加 0.5 m
第四级	短边内尺寸达到 1.1 m 以上，并且长边内尺寸达到 1.3 m 以上；或者坐便器前方与侧方都距离墙壁 0.5 m 以上
第三级	长边内尺寸达到 1.3 m 以上；或者坐便器前方或侧方距离墙壁 0.5 m 以上

- **以看护为前提的空间尺度**

需确保坐便器前方有 0.5 m 以上空间，并且侧方有供看护者使用的 0.5 m 以上的空间，同时后方有能让看护者站立的 0.2 m 以上的空间。

不仅须确保上述尺度满足要求，还应该为了尽量减少轮椅使用者向坐便器移动过程中的折返次数，合理地布局出入口和坐便器的位置。

2 扶手设置

坐便器的坐立辅助扶手可以设置在坐便器右侧（惯用手的一侧）。由于坐下和站立是上下方向的动作，所以选用垂直扶手或 L 形扶手比横向扶手更好。

将扶手设置在距离坐便器前端 150~300 mm 的位置时，扶手能作为拉手使用，具有不错的效果。如果扶手距离坐便器太近，使用时会很依赖腕力，实用性就会减半。

扶手的设置高度为离地 650 mm 左右比较好，但需要调整卷纸架、坐便器喷水洗净遥控器的位置。比起分别设置各个配件，不如设置多功能一体式（扶手、卷纸架、遥控器）扶手。但是，当卫生间里有纵深 300 mm 左右的盥洗柜时，如果在同一面设置了扶手也是没办法使用的，需要注意。对于现在无须使用扶手的人士，也可以提前设置好安装扶手用的接口。

3 其他注意点

对于带有洗手盆的坐便器，人们在使用时需要做出转身的动作，比较危险。如果单独设置洗手盆的话，能减少在狭窄空间内的动作，使动作更流畅。

选用进出时不怎么需要挪动身体的推拉门作为出入口的门，并将出入口设在允许人从坐便器侧面进入的位置，就能避免在卫生间内 180° 转身的麻烦。在此基础上，如果在门的旁边设置帮助人们在开关门时保持姿势的扶手就更稳妥了。

另外，如果坐便器盖板有自动开闭功能，人们就不必弯腰操作了，减轻了身体负担。

扶手设置注意点

坐立辅助扶手

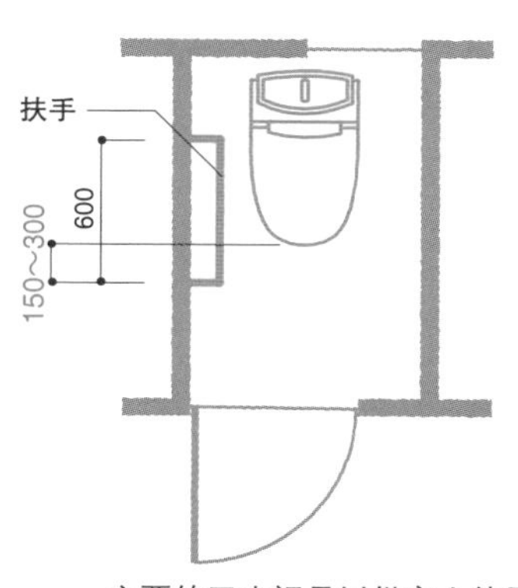

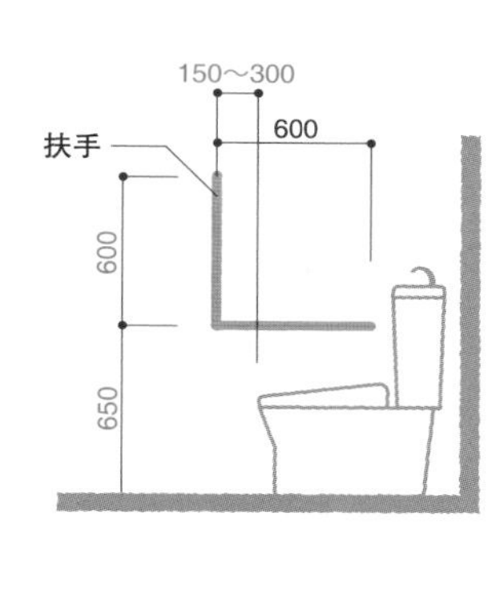

主要的卫生间是以供客人使用为前提的，所以必须设置辅助坐立的扶手。

其他注意点

帮助保持姿势的扶手

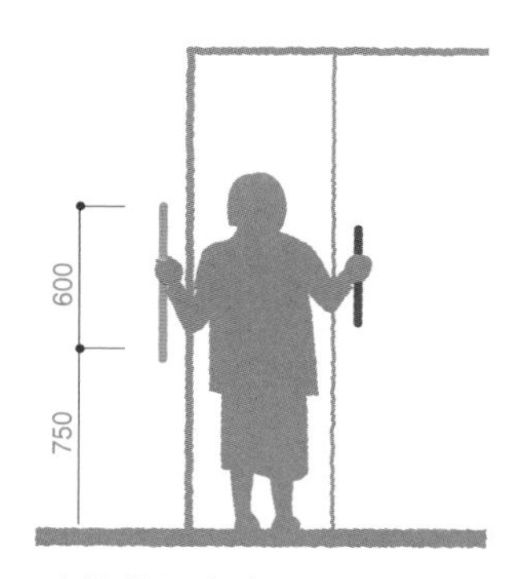

在推拉门旁边，最好设置帮助保持姿势的扶手。

在坐便器自带的洗手盆洗手的动作

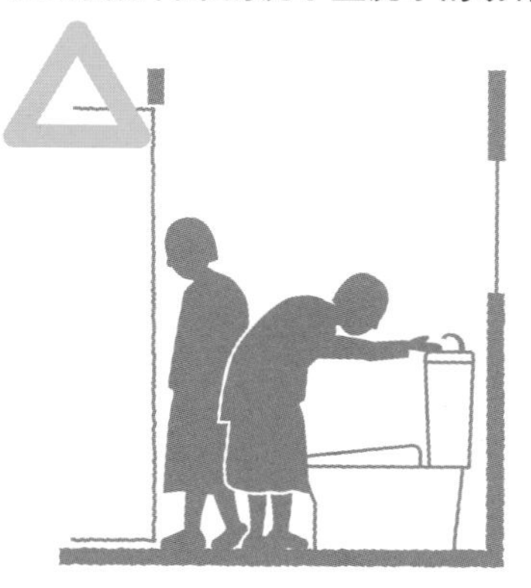

这种情况使人不得不在狭小空间内转身，所以并不推荐。

05 厨房设备

接下来要介绍的不是徒有其表的厨房，而是使人更安全、更舒心地烹饪的厨房设备及其选择方法。

既美观又实用的厨房设计

1 厨房的选择流程

一般情况下，厨房不像卫生间那样能单独选择坐便器、盥洗台等设备。对于要在平面布局的流程中具体选择的设备，有的时候，会在厨房（客餐厨）的空间风格已经明确的情况下，配合厨房的平面布局，去选择进口制品或是定制厨房。下文中介绍了通常的选择流程。

❶ **确定厨房与餐厅的关系**

考虑厨房与餐厅的关系，比如单通道一字型、双通道一字型、开放型厨房等。

❷ **确定厨房的形状与尺寸**

确定主厨房的形状（I形、L形、岛形等），以及主厨房的长度（2.55 m、2.7 m等）。

❸ **确定厨房的平面布局**

确定好厨房的平面布局。在这之后就到选择设备样式的阶段了。

❹ **确定主要设备**

确定炉灶的种类、洗碗机的有无等主要的设备情况。

❺ **确定制造商**

综合考虑预算、可选择的门板材料、壁橱的样式等，确定厨房的供货商（制造商）。

❻ **确定设备规格详情**

一边参照商品目录或到商店实际确认，一边确定设备详情。

基于餐厨关系的厨房类型

单通道一字型（贴墙型）

多用于独立厨房或餐厨一体空间中

（出处①）

双通道一字型（无吊柜）

强调厨房与餐厅的连续性，是较为开放的类型

（出处②）

双通道一字型（有吊柜）

由于设置了吊柜，厨房的独立性得到增强，收纳能力也得到了考虑

（出处①）

开放型（半岛型）

贴着墙壁布置为半岛状的开放型厨房

（出处③）

开放型（岛型）

布置得像岛一样的厨房，是开放性最强的类型

（出处①）

（出处①：松下股份公司主页
https://sumai.panasonic.jp/imgsearch/?product=キッチン&kitchen_series=ラクシーナ）

（出处②：松下股份公司主页
https://sumai.panasonic.jp/kokusaku/category/kitchen/pdf/v-style_kitchen.pdf）

（出处③：松下股份公司主页
https://sumai.panasonic.jp/imgsearch/?product=キッチン&kitchen_series=Lクラス）

2 主要设备的选择

❶ 橱柜的材质与高度

橱柜的台面材质通常是人造大理石或不锈钢。与具有高级感的人造大理石相比，不锈钢常给人锐利的印象。大多数制造商会为消费者提供这两种材质的选择，但也有专门生产不锈钢材质的制造商。一般情况下，不锈钢台面的费用更低。

关于橱柜的高度，制造商往往会根据使用者的身高提供 80 cm、85 cm 及 90 cm 几种选择（大致是身高 ÷2 + 5 cm）。

❷ 炉灶的样式选择

炉灶有燃气灶和电磁炉两种。

燃气灶的优点包括：火力强，炉架结实，不会损伤台面，不用特地挑选锅具，初期费用较低等。燃气烤炉也有不用加水就能做双面烧烤或单面烧烤的款式。

电磁炉的优点是，虽然当人不小心碰到加热部分时会被烫伤，但因为没有明火，所以引发火灾的概率很低。关于电磁烤炉，则是有使用加热器的款式和使用电磁加热的款式。

电磁炉的缺点在于会对锅具产生限制。比如，有的电磁炉适用于全金属材料，有的只适用铁或不锈钢材质的。有时，如果材质或者锅底的形状不匹配就用不了了，需要注意。

❸ 抽油烟机的样式选择

抽油烟机的种类根据安装厨房类型的不同，可分为壁挂式（一字型厨房、半岛型厨房）和中央式（岛型厨房）。

虽然壁挂式没有这种问题，但像岛型厨房的抽油烟机这种无法将气体直接排向室外的情况，为了安置管道，有时可能需要降低一部分室内空间的高度来做吊顶。这种做法并不是特别美观，所以还请事前仔细商讨安置管道的方法。

换气设备的样式有联动式（与制暖设备的开关联动）、无间断式（与 24 小

厨房橱柜高度的选择基准

如果橱柜与身高相比偏低，使用者就需要将身子前倾，这会对腰部造成负担。而偏高的话则会对肩膀和胳膊造成负担。所以，需要根据穿着拖鞋进行烹饪时的高度仔细考虑。

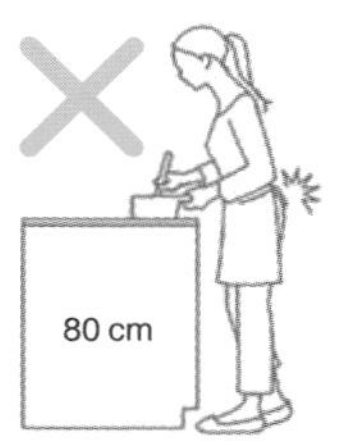

料理台偏低时，身体前倾的姿势会对腰部造成负担。

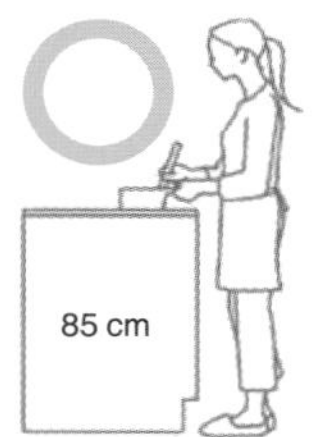

料理台高度合适时，能够保持轻松的姿势烹饪。

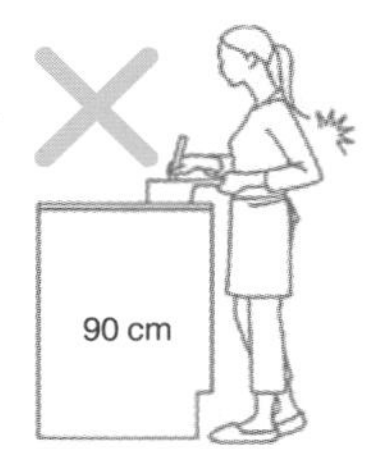

料理台偏高时，肩膀和胳膊不得不上抬，对肩部和手臂肌肉造成负担。

适合身高 160 cm 的人士进行烹饪的高度

160 cm÷2+5 cm=85 cm

（出处：LIXIL　https://www.lixil.co.jp/lineup/kitchen/hint/system/）

不适用于电磁炉的锅具

适用于所有电磁炉的铁锅、不锈钢锅

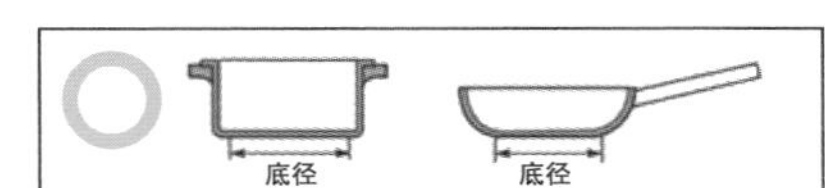

底径

左右灶口…12~26 cm　型号 HS20AP…12~23 cm
后方灶口…12~268 m　型号 12C/11C…12~26 cm

锅底形状

平底，与底板能紧密接触的形状

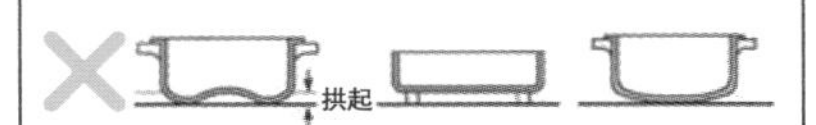

请不要使用锅底拱起 3 mm 左右的锅、带脚的锅、球形锅底的锅。*1*2

*1 可能导致安全功能无法正常运行、火力不足、无法加热等问题。
*2 对于锅底过薄的锅、锅底不平的锅，可能导致干烧、在强火加热下发红或变形等情况发生。
*3 用大容量的锅一次烧很多水时可能水无法沸腾。

（出处：松下股份公司主页　https://sumai.panasonic.jp/ihcook/guide/nabe/nabe.html）

只适用于全金属对应型电磁炉加热器的铜锅、铝锅（包括仅用非铁磁金属制成的多层锅）

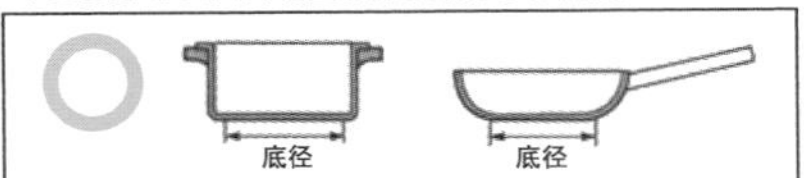

重量

铝锅与食材总重量为 700 g 以上
・轻的锅可能会移动。

底径

15 ~ 26 cm *3
（当底径偏小时）
・触发安全功能，导致电源切断。
・火力不足。

锅底形状

平底，与底板能紧密接触的形状
・铝制煎锅、煎蛋器的锅底较厚。
・避免用铝锅炒菜或干烧，因为锅底很可能因此变形。

请不要使用锅底拱起 2 mm 左右的锅、带脚的锅、球形锅底的锅。*1*2

时换气系统对应）以及同时给排气式三种。关于同时给排气式的内容请参考第128页。

④ 其他设备样式选择

● 洗碗机

根据内阁府的调查，截至2019年3月，洗碗机的普及率约为35%。洗碗机能缩短家务时间，清洁力比手洗更高，而且每次使用能节省70升以上的用水，非常环保。所以今后，洗碗机的普及率会越来越高。欧洲制造商生产的洗碗机虽然比日本生产的初期费用更高，但是容量更大、清洁力更强，因此很有人气。

● 水龙头

随着厨房从幕后走向台前，除了常见的混水阀式水龙头，鹅颈式等设计感比较强的水龙头也得到了普及。功能上也有所进化，比如将手靠近就能止住水的功能等。另外，也许是出于对健康的追求，在厨房里安装氢气水生成器的家庭也增多了。

● 吊柜

对于双通道一字型厨房，不安装吊柜来营造更开放空间的做法并不少见，但如果考虑到收纳量，吊柜是不可或缺的。吊柜虽然位于厨房操作台的正上方，但高度比较高，想取用东西并不容易。对此，可以尝试选择带有电动升降或升降辅助功能的吊柜。有的吊柜甚至还具备餐具干燥功能。

● 垃圾箱

根据地域不同，垃圾分类的方式也不一样。如果把垃圾分类箱（袋）放在厨房通道上的话，既不美观，又碍事，每次开关厨房的橱柜时都不得不移动垃圾箱，效率很低。

所以，在设计副厨房的时候，应该将放置垃圾的地方也规划进去。可以在副厨房的橱柜底下整整齐齐地储放垃圾，或者可以选用推车式的垃圾箱（宽600~900 mm），不妨好好考虑一下吧！

另外，如果有空间摆放家庭用的湿垃圾处理机（宽300 mm，纵深400 mm，高600 mm左右）也会很方便。请注意湿垃圾处理机需要插座。

洗碗机普及率

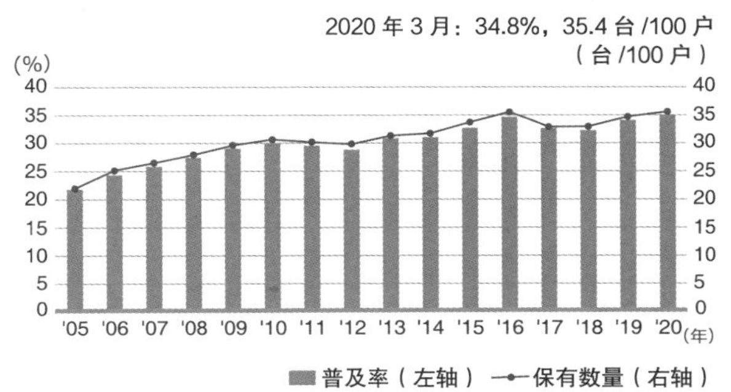

（出处：以日本内阁府的消费动向调查（消费者态度指数）为基础，用 GD Freak！网站制成 https://jp.gdfreak.com/public/detail/jp010010005080100008/1）

鹅颈水龙头示例

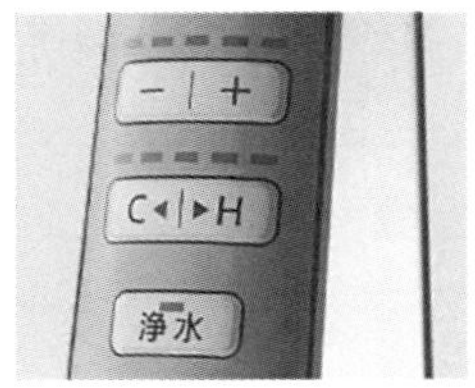

鹅颈水龙头（出处：松下股份公司主页 https://sumai.panasonic.jp/kitchen/concept/detail.php?id=SilmTap）

升降式吊柜示例

手动型

（出处：松下股份公司 https://sumai.panasonic.jp/kitchen/concept/detail.php?id=Storage）

电动型

（出处：松下股份公司 https://sumai.panasonic.jp/kitchen/concept/detail.php?id=Storage）

垃圾箱

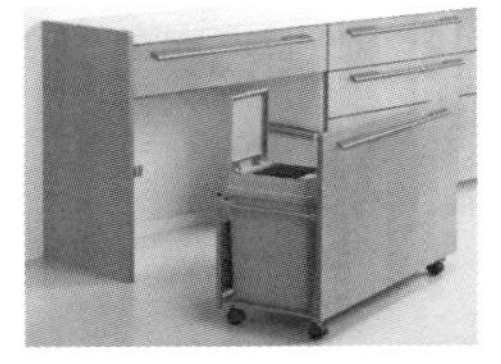

（出处：松下股份公司 https://sumai.panasonic.jp/kitchen/enjoy/vol01.html）

湿垃圾处理机

（出处：松下股份公司 https://sumai.panasonic.jp/garbage/p-db/MS-N53.html）

2 便于烹饪的照明布局和插座布局

1 照明布局

厨房需要照度为 100 lx 的整体照明，以及操作台、水槽上方 300 lx 的照明。另外，厨房的照明还应具备显色性，也就是能够展现出食材、餐具的色彩特性。

❶ 厨房与餐厅的吊顶不连续的情况

对于双通道一字型（有吊柜）或独立型厨房这种不与其他空间的吊顶连续的情况，可以单独设计厨房。

主照明的设计要与厨房的空间形状相配合。选用细长型的吸顶灯（昼白色）达到均匀的照明效果，而且还能使食材显现出与自然相接近的颜色，十分具有效率。为了避免灯具对吊柜的门造成干扰，还请考虑将灯具嵌入吊顶中。

水槽处的灯可以嵌入吊柜下方，这样从餐厅看过去是很隐蔽的，而且不会晃眼。如果选用只要挥挥手就能开启或关闭的灯具的话，即便手被弄脏了也能轻松操作，非常方便。

❷ 厨房与餐厅的吊顶连续的情况

对于双通道一字型（无吊柜）或者开放型厨房这种与其他空间的吊顶连续的情况，还请认真考虑衔接处的空间设计方案。

对于 16 帖（3.64 m × 7.28 m）的纵向长形客餐厨空间，设置 20 盏 60 W 的灯具与 12 盏 100 W 的灯具就能确保足够的明亮程度了。以水槽上方为起点，到餐厅、起居室为止的这部分空间中，要把握好灯具配置的平衡性。

如果做配灯设计的时候优先考虑平面图的话，就会容易把灯都集中在水槽、走廊、操作台、餐桌、沙发、茶几和电视等必需照明的设备或家具上，结果导致照明布局缺失统一感，吊顶看上去也不美观。而且，很难保持均匀的照度。

不少配灯案例中，会在水槽上方设置 2 盏灯，在操作台上方设置 3 盏灯，也就是一共布局 5 盏灯。但是，有可能出现灯具中心线互相偏离、各个灯的光色有差异之类的情况，造成很强的违和感。

厨房的筒灯设置示例

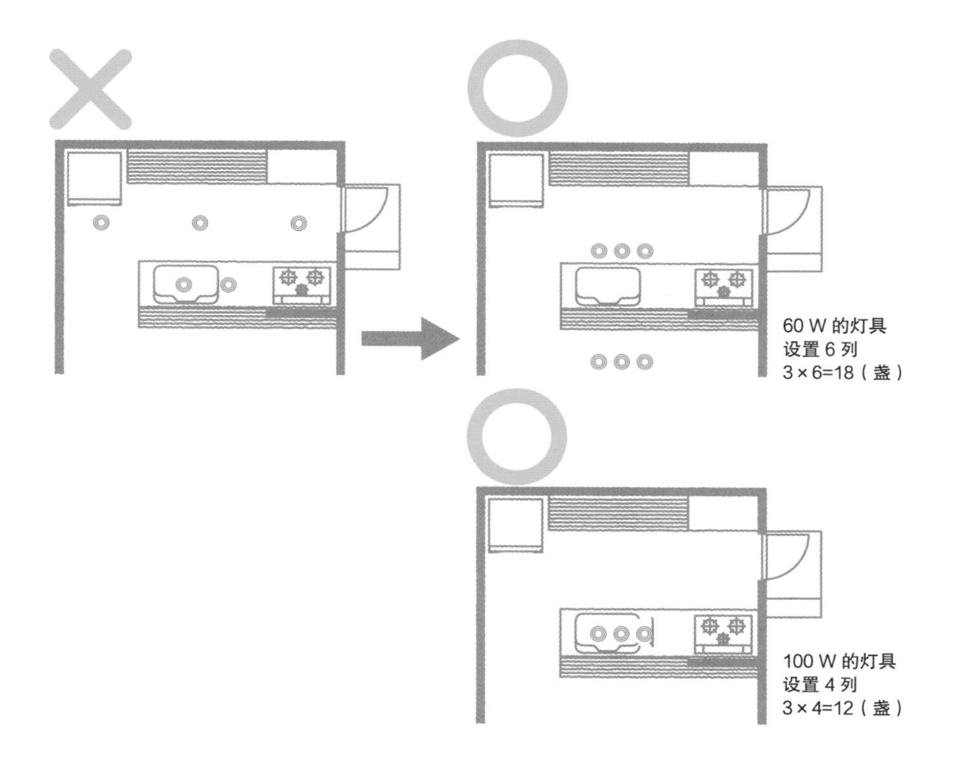

如果只在水槽和走廊上设置灯具，就会导致吊顶不美观、空间过亮之类的问题。对于面积为 16 帖（约 26 m^2）的纵向长形客餐厨空间，最好设置 6 列 60 W 的灯具，每列 3 盏，或者 4 列 100 W 的灯具，每列 3 盏。

2 插座布局

请按照固定式家电放在副厨房一侧，移动式家电放在主厨房一侧的前提来进行插座布局设计。供家电使用的插座应有接地线，而对于功率达到 1000 W 以上、电压 200 V 的设备，应规划有专用回路。

对于冰箱插座，如果将其布置在很低、很难看见的位置，就可能会积灰尘，进而引发火灾。所以，最好把冰箱插座设置在比冰箱高的位置，即高于地面 1.9 m 左右的地方。

对于电烤炉、电饭煲、电水壶、烤面包机等固定使用的家电，可以归置到家电收纳柜中，或者放在副厨房的橱柜上。若将上述 4 件电器并排摆放，需要 1.5 m 以上长度的橱柜。

对于二位插座，使用时请注意不要超出插座容量（1500 W）。如果同时使用电水壶和咖啡机的话，也是有可能超过 1500 W 的。所以家电收纳柜中的电器线路应该与附带插座的规格相匹配。

请将料理机或者其他无法放在副厨房旁边的家电（咖啡机等），以及移动式家电的插座都设置在主厨房旁边。有的厨房是自带插座的，一般情况下，两个插座就够用了。如果要与在餐厅使用的家电（电烤肉板等）并用插座，那么需要对应增加插座数量。

新装修厨房的时候，即便不安装电磁炉和洗碗机，但还请为了将来的改造预先准备电源（插座）。日本产的洗碗机标准电压为 100 V，而海外制造的通常以 200 V 为标准。电磁炉则需要 200 V、30 A 的型号。总之，提前准备好各个电器的专用回路吧！

插座与断路器容量

插座是 15 A，分支断路器容量至多为 20 A，否则电器会无法使用。
按如图所示的状况同时使用家电时，各个插座在 15 A 以下，看似没有问题，实际上分支断路器的回路已经超过了 20 A，所以断路器会切断电路，使电器无法使用。
电烤炉的插座必须有专用回路。

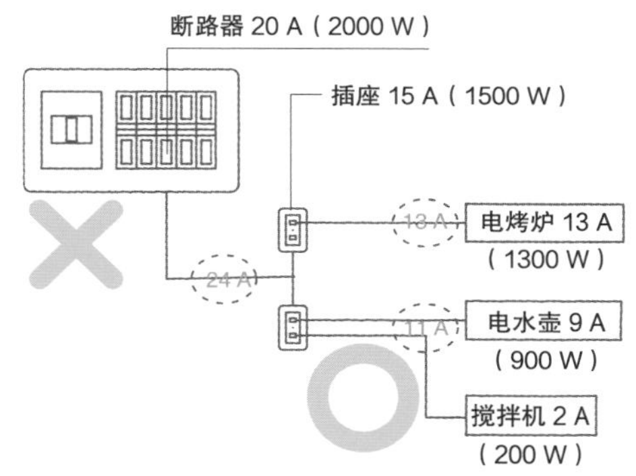

家电名称	消耗功率
电烤炉	1300 W
烤箱	1200 W ~ 1350 W
电饭煲	350 W ~ 1200 W
电烤肉板	1300 W

家电名称	消耗功率
搅拌机	120 W ~ 200 W
电水壶	700 W ~ 1000 W
咖啡机	450 W ~ 650 W
冰箱	150 W ~ 500 W

放置家电的橱柜长度

固定式家电的摆放场所可以是家电柜、橱柜或者两者一起用。烤炉宽 500 mm，烤面包机宽 350 mm，电饭煲宽 280 mm，电水壶宽 220 mm，这样合计下来就是 1350 mm。

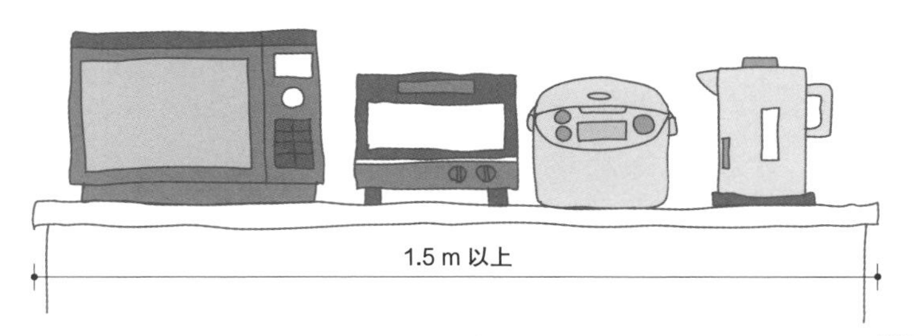

插图：小山幸子

3 更安全、更实用的厨房设备

下文将介绍厨房中非常实用的设备，以及它们的设置要点。

1 地暖

冬季清晨的厨房是特别寒冷的。但厨房空间狭小，如果设置一台暖风机，会有些碍事。如果想借助起居室的空调为厨房制暖，又需要等待很长时间。在厨房这类房间，设置不扬尘、不用火的地暖是最合适的。

地暖特性的相关内容在第 52 页中。另外，对于双通道一字型等地暖铺设面积比较小的厨房，或者只在一部分时间中使用的房间，大多选用的是施工方便、初期费用低的发热电缆式地暖。不过需要注意的是，铺设了地暖就很难同时设置地下收纳库了。

2 感应式报警器与燃气报警器

感应式报警器是在感应到烟或热的时候发出警报的设备。根据《品确法》（日本的一部关于确保与促进住宅品质的法律）中感应式报警器对策等级第二级的要求，必须要在厨房设置感应式报警器。在种类方面，厨房主要使用的是热感式报警器。

燃气报警器是能够探测燃气泄漏的设备。如果使用的是液化石油气，应将报警器装在距离地面（地面到报警器上端）300 mm 以内、距离炉灶 4 m 以内的位置。如果使用的是天然气，应将报警器装在距离吊顶（吊顶到报警器下端）300 mm 以内、距离炉灶 8 m 以内的位置。

虽然日本的法律中没有规定哪一种报警器必须安装在厨房里，但由于目前还没有兼具两种报警器功能的设备，把各种报警器都安装好是比较稳妥的，尤其是对于家中有老人、使用燃气设备的家庭。

3 带扬声器的筒灯

有不少人会带着收音机烹饪，做家务。如果在厨房设置带扬声器的筒灯，再用手机作为信号源进行连接，就能播放音乐或广播了。如果播放电视声音的话，即便厨房与摆放电视的起居室距离较远也不是问题。

燃气报警器设置标准

天然气报警器应靠近吊顶设置。因为液化石油气比空气重，所以液化石油气报警器应靠近地板设置。

有的复合型燃气报警器不仅能探测出燃气的泄露，还能探测火灾、CO（一氧化碳）等。

天然气报警器（一体式）

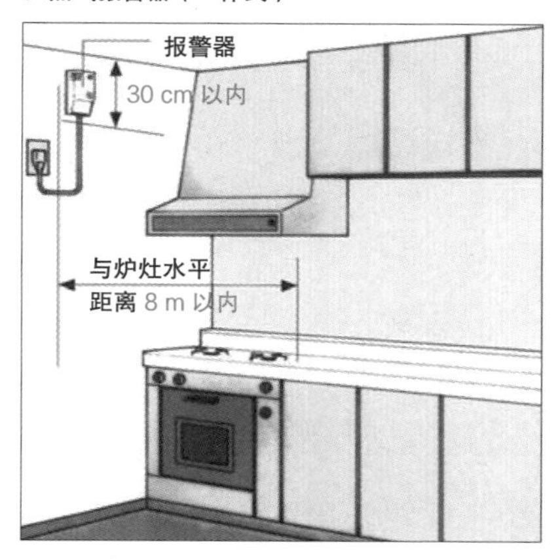

液化石油气报警器（一体式）

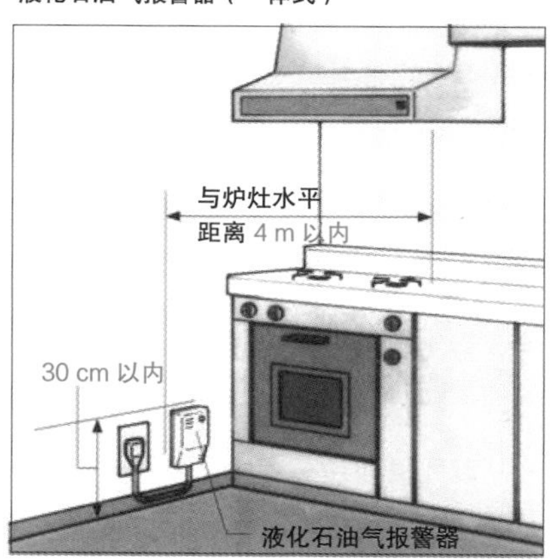

（出处：燃气报警器工业会 https://www.gkk.gr.jp/user_alm_list.html）

带扬声器的筒灯

虽然筒灯的间隔在 250 mm 左右就可以了，但是如果是带扬声器的筒灯，建议选用 800 mm 的间隔。

为了与普通的筒灯区分开，最好避免与其并列设置。

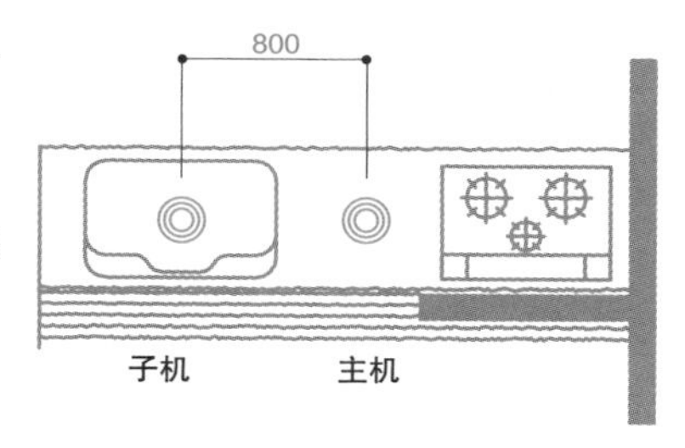

4 换气式抽油烟机与气压差感应式供气口

换气式抽油烟机具备供气功能，能在排气的同时开放供气口，从抽油烟机面板处供气。抽油烟机排气需要依靠机械排气，而因为室内呈负压状态，室外气体会自动流入室内，达到自然供气的效果。

气压差感应式供气口（Φ150）在抽油烟机运转时，能够感知气压差、自动开闭气闸，从而引入必要的外部空气。接下来将介绍这种设备的效果和注意事项。

改善临时的供气量不足问题

❶ 当抽油烟机大功率运行时，排气量会远远多于普通运行时的排气量，从而造成供气量不足、妨碍门窗开闭等不方便的情况。通过设置气压差感应式供气口和换气式抽油烟机，可以增加供气量，改善室内过度的负压状况。

减小冷暖气负荷

❷ 当抽油烟机运行时，可能会使外部常温气体从起居室或餐厅的供气口流入，进而形成一股一直延伸到厨房的气流，给人带来不适的感觉。另外，经过制冷或制暖的空气被大量抽出，会加重冷暖气的负荷。

如果在厨房中设置换气式抽油烟机或者气压差感应式供气口，因抽油烟机排气而产生的空气流动会被限制在厨房范围内，可以减少对起居室和餐厅的影响。

设置时的注意事项

❸ 为了避免抽油烟机的排气口、气压差感应式供气口、换气式抽油烟机的排气口和供气口产生倒灌现象（被排出的污浊空气再度流入室内），将各个气口以足够远的距离分开设置是非常重要的。

气压差感应式供气口在厨房的设置位置是有限制的。脚边或吊顶附近的位置往往已经被收纳柜之类的家具占用，而远离抽油烟机排气口的冰箱上方则是很常见的选择。

5 地下检查口与收纳空间

设置地下检查口、收纳库时，需要配备一个地盖，所以最好避开水槽前面等长时间作业的地方。

气压差感应式供气口的构造

气压差感应式供气口是一种在抽油烟机运行时，感应室内外气压差而控制气闸开闭的系统。可以在外部空气截流模式和自然供气模式之间选择。

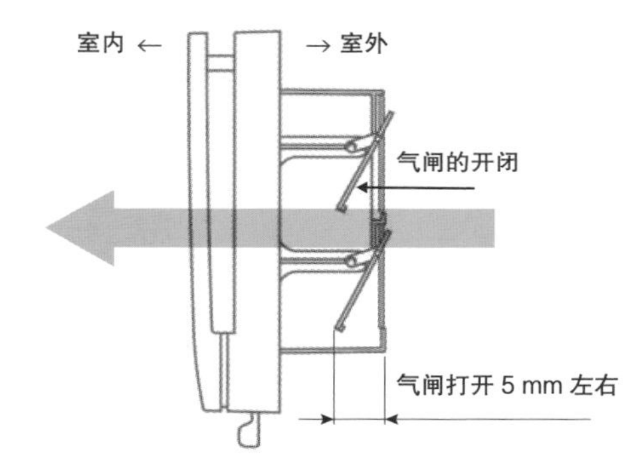

（出处：松下股份公司　https://sumai.panasonic.jp/parts/upload/pdf_manual/DRV624020B.pdf）

换气式抽油烟机

供气与排气示意图

向室内供气

向室外排气

（出处：LIXIL 股份公司　https://www.lixil.co.jp/lineup/kitchen/hint/selection/）

防风罩

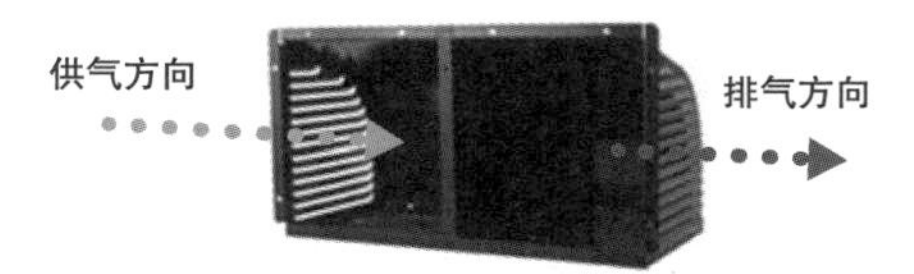

专用防风罩能将供气和排气诱导至相反的方向，能够有效防止倒灌。

（出处：富士工业集团　https://www.fujioh.com/product/option-detail?id=182）

带有同时供气、排气功能的换气式抽油烟机可以改善运行时室内瞬间的负压状况，而且还具有节能效果。

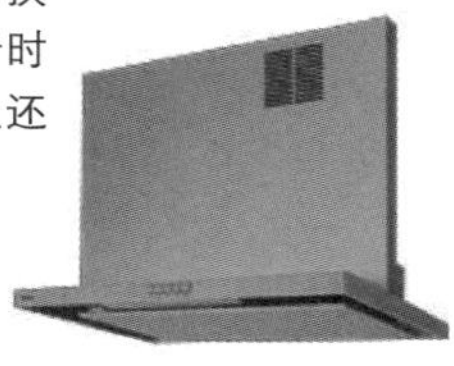

（出处：松下股份公司主页　https://sumai.panasonic.jp/catalog/ctlg/fan/fan.pdf）

06 客餐厅设备

过去，在一般家庭中经常能见到兼作客厅与餐厅的“茶室”，它有时甚至还能作为卧室。现在，各个功能都分配到单独的房间中了。客厅作为一家人共同的放松空间，在房间布局时是最优先考虑的、不可或缺的空间。

电视是客厅中的主角，将沙发围绕电视布置是一种很普遍的布局方式。直到现在，家人们聚在一起看电视放松的生活场景依然非常常见。但是，随着互联网的普及，家庭休闲正在逐渐转变为个人休闲、个人娱乐。在这一趋势的影响下，客厅、餐厅的形式也发生了巨大的变化。接下来将介绍客厅与餐厅的新形式，以及不可或缺的设备等。

1 缩短电视的最佳收看距离

虽然这是一个能够通过网络和移动设备来随时随地欣赏视频的时代，但电视对于起居室来说还是一个不可或缺的设备。

从阴极射线管电视，到等离子电视，再到如今主流的液晶电视，电视的厚度减小了，屏幕变大了。当下是 4K、8K 高画质电视的时代。

4K 是具有四倍于全高清电视画质的高清电视。阴极射线管电视的最佳收看距离是画面高度的 5 ~ 7 倍处，全高清电视的则是 3 倍处，4K 则是缩近到了 1.5 倍处，即便近距离收看也能保证优质的画面效果。

比如，当收看 85 英寸的电视时（画面高度为 110 cm），过去需要保持 3.3 m 的收看距离，而现在只要 1.65 m 就可以了。最新的电视边缘较窄、压迫感较弱，放置在紧凑型的起居室中也没有问题。

休闲方式的变化

时而躺在地板上放松，随心所欲地移动椅子和沙发，每个人分头进行休闲活动；时而一家人聚在一起收看电视节目……像游牧者一样自由地使用起居室吧！

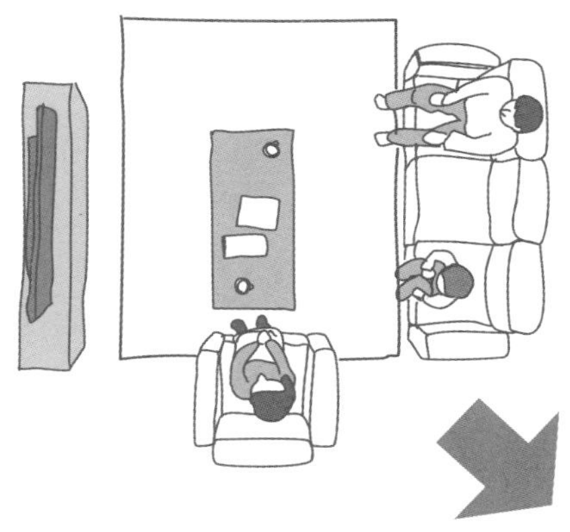

坐在以电视为中心的沙发上聊天的休闲方式

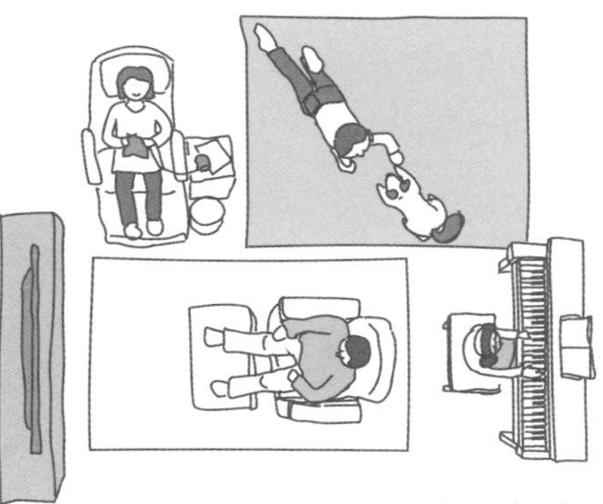

在偏好的空间中自娱自乐的休闲方式

插图：小山幸子

最佳收看距离

电视	最佳收看距离
全高清电视	3 A
4K	1.5 A

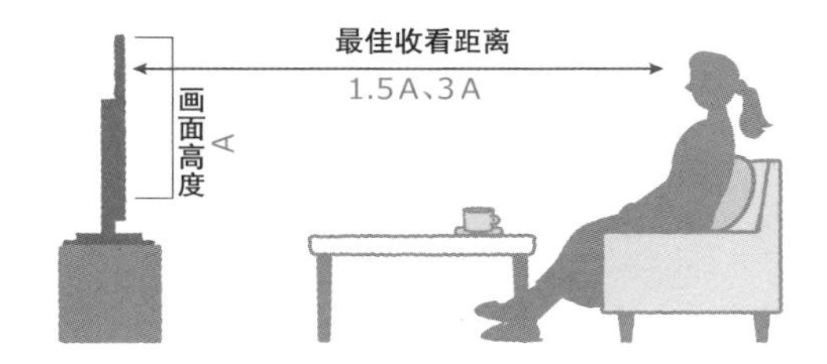

2 家庭影院设备设计

不妨试试将家庭聚会的场所向餐厨空间（家庭活动室）转移，把客厅改造为会客厅或者其他有趣的空间。在客厅中一边品酒一边欣赏高品质的音乐，或者利用家庭影院观赏电影，彻底突破客厅的传统模式，创造有品位的生活空间。如果是爱酒人士，也可以在客厅布置吧台。

1 必要设备与选择标准

- **播放器的选择**

播放器有电视、投影仪与荧幕的组合这两种形式。选择后者时，需要考虑房间尺寸、形状、荧幕尺寸等，从而选择出最合适的系统。如果不是特别追求画质效果，并且贴了白色墙纸的墙壁的话，就不需要荧幕了。

- **音响系统选择**

比较基本的 5.1 ch（5.1 声道）环绕立体音响系统由前部的 3 台音响、后方的 2 台音响、1 台低音域音响组合而成。也可以在此基础上增加 2 台音响升级为 7.1 ch 系统。2.1 ch 系统和 3.1 ch 系统则比较实惠，在 6 帖（约 10 m^2）左右的房间就能设置。

- **音频增幅器的选择**

最后需要选择让多个音响播放音频的音频增幅器，再将其与蓝光光盘播放器等视频播放机连接就可以了。

- **施工上的注意事项**

在使用吊顶式的投影仪、荧幕、音响的时候，需要加固吊顶基础结构。如果选用的是 5.1 ch 以上的音响系统，则需要在墙面施工之前完成配线（布线）工程，或者选择无线连接。总之，有必要考虑布线的美观性。

5.1 ch 环绕立体音响示意图

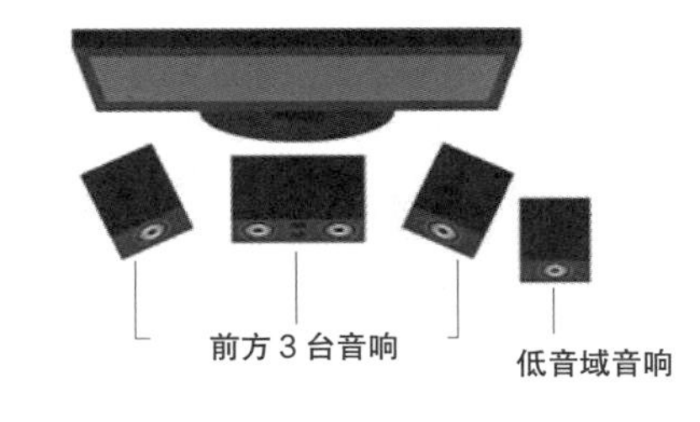

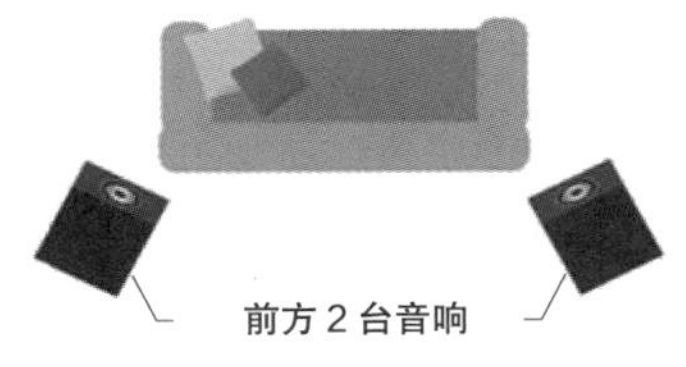

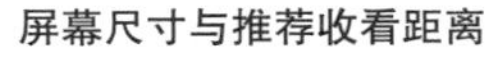

屏幕尺寸		推荐收看距离
80 英寸	1771 mm × 996 mm	2.0 ~ 2.4 m
90 英寸	1992 mm × 1121 mm	2.5 ~ 2.7 m
100 英寸	2214 mm × 1245 mm	2.8 ~ 3.0 m
110 英寸	2435 mm × 1370 mm	3.1 ~ 3.3 m
120 英寸	2657 mm × 1497 mm	3.4 ~ 3.6 m
130 英寸	2879 mm × 1619 mm	3.7 ~ 3.9 m
140 英寸	3100 mm × 1714 mm	4.0 ~ 4.2 m
150 英寸	3322 mm × 1869 mm	4.3 ~ 4.5 m

（出处：OPTAGE 股份公司 eonet https://support.eonet.jp/connect/tv/link/tz-dch820/audio.html）

参考平面图

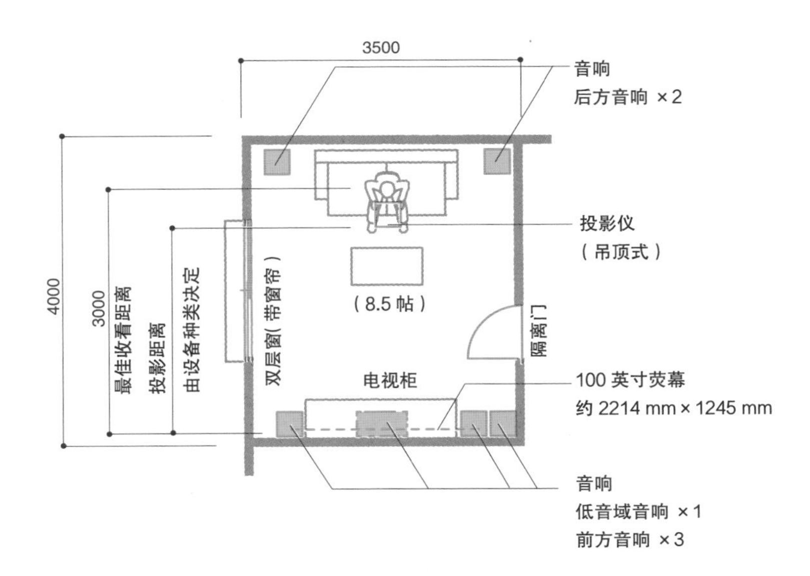

2 隔音设备

住宅中设置了家庭影院时，必须采取隔音措施。如果需要在家中吹奏萨克斯、敲鼓，或者喜欢大声唱歌的话，必须设置专业的、固定型号的隔音室。下文总结了适用于电影或音乐播放的最低限度的隔音设备。

对于外墙的隔音措施而言，比起提升外墙自身的隔音水平，强化开口部分的隔音性能是更有效果的。具体方法包括：将窗户的数量、大小按照建筑基准法的规定来设计；将采光、换气控制在需要的最低限度上；选用 JIS 标准规定的隔音性能最高等级——T-4 级的窗户（双层窗）。

另外，关于遮光措施，可以设置百叶窗和较厚的窗帘。

我们再回到隔音措施上。在房间内部，请选用隔音门。在选择家具时，注意和选择窗户一样，参考 JIS 标准中规定的等级。对于隔墙，应该在墙的两面都贴上石膏板，夹入隔音布、玻璃纤维等，将隔墙的隔音性能提升至与分户墙相当的水平。对于吊顶，也需要用石膏板在吊顶内侧夹入 100 mm 以上的玻璃纤维，以提高隔音性能。

当房间中设置了 24 小时换气系统，必须安装供气口或换气扇时，也可以选择隔音的型号。

固定型号的隔音室

从 0.8 帖（约 1 m²）大小的型号，到能上三角钢琴课的 4.3 帖（约 7 m²）大小的型号，隔音室的种类十分全面。

（出处：雅马哈股份公司 https://jp.yamaha.com/products/soundproofing/ready_made_rooms/size_20-25/index.html）

在 6 帖（约 10 m²）房间中设置隔音室的示例

3640

2730

型号为 1.5 帖（约 2 m²）的隔音室单元

窗户与隔音窗的隔音性能

隔音等级

等级	T-1	T-2	T-3	T-4
500 Hz 以上的隔音性能	25 dB	30 dB	35 dB	40 dB

T-4 等级的窗户只有双层窗

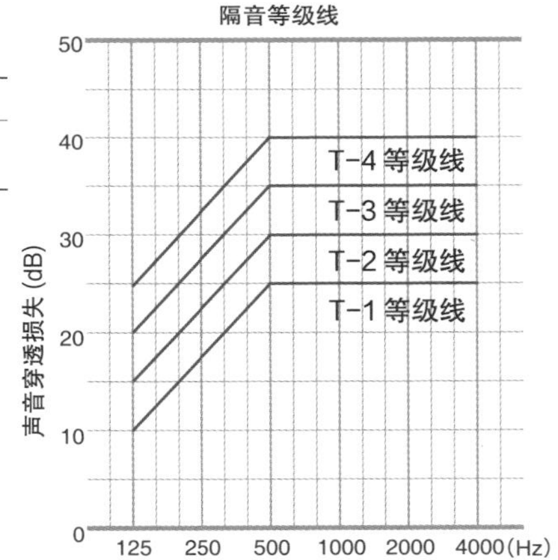

隔音性能标准

噪声等级 dB		40	50	60	70	80	90
环境	深夜的郊外	安静的公园	安静的办公室	商场中	街头噪声	十字路口	火车站、飞机场周边
	安静	日常生活舒适		吵闹		极其吵闹	
隔音性能标准 T-1							
隔音性能标准 T-2							
隔音性能标准 T-3							
隔音性能标准 T-4							

3 宜居又节能的照明

阅读、看电视、做缝纫、聊天、家庭观影、品酒、做作业、玩游戏……人们在客厅和餐厅中的生活方式多样。如今，照明制造商推出了能够根据生活场景轻松切换适宜的照明的系统（灯光控制系统等），非常值得考虑。

1 分散式照明与灯光控制系统

虽然整体照明、壁灯、落地灯、间接照明等的多光源分散式照明能够轻松营造居家氛围，节能省电的特征已经被人们所熟知，但是，灯光控制系统似乎还不是非常普及。

灯光控制系统的优点除了节能之外，还包括能够配合场景轻松地调节光效；能够将开关集中在一块面板上等。所谓“配合场景”的照明，具体来说，就是将与享用早餐、享用晚餐、收看电视、家庭聚会、家庭观影等场景适合的光效，一一储存到系统中，并通过按下开关进行轻松切换。

选择灯光控制系统的注意事项包括：勿将遥控器型的灯具或其他制造商生产的灯具混在一起，否则会无法连接；注意电路的回路数有限的情况；若希望调节光色，应选择具备此功能的灯具等。另外，由于制造商不同，系统也会有差异，所以在设计阶段有必要进行充分的协商。

2 吊灯设置

虽然越来越多的家庭配灯时以筒灯为主，但是，用吊灯照明不仅能让食材看上去更诱人，还能作为室内布局中的重点，发挥显著效果。所以，不妨考虑使用吊灯来照明。

吊灯照明的配灯要点是：将 1 盏大型吊灯或者 2 到 3 盏小型吊灯以餐桌为中心进行平衡布局。设置高度在桌子顶部以上 70 cm 左右即可。如果过高会晃眼，如果过低会碍眼，而且很可能无法照亮桌子边缘。所以，请耐心地将高度微调到最适合的位置。

关于灯罩的大小，选用桌子长度 1/3 左右的尺寸是比较合适的。例如，为 1.8 m 的餐桌配灯时，选择 60 cm 左右的灯罩就可以了。

多光源分散式照明示例

灯光控制系统可以根据场景需要调节多光源分散式照明。这种系统能轻松调节光效，而且十分省电。

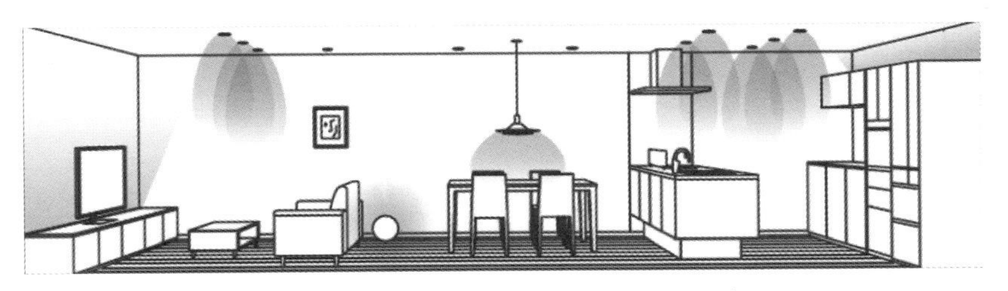

（出处： 松下 https://sumai.panasonic.jp/lighting/home/living-lightcontrol/#Rtab3）

吊灯照明的配灯示例

使用 3 盏吊顶进行配灯时，两端的灯具不要等分，而是稍微靠近内侧会比较好。同时请考虑一下灯具的设计感，小心谨慎地进行配灯吧！

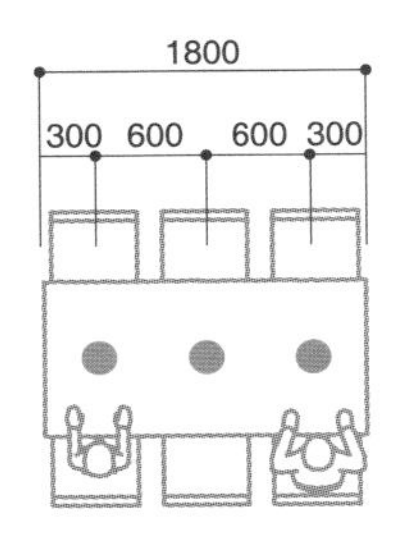

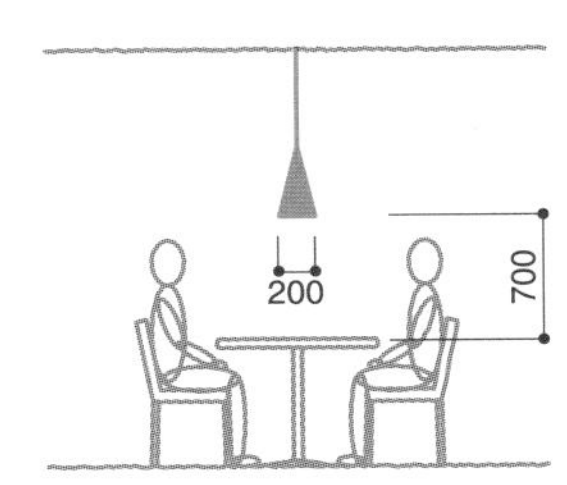

4 方便日常生活的插座布局

1 餐厅插座布局

在餐桌上使用的家电包括：电烤肉板、电锅、电磁炉等烹饪电器，以及用来做家庭账本的笔记本电脑等。请依照从餐桌处能使用的范围，在餐厅中设置两处二位插座。

如果插座在靠近通道一侧的墙壁（A 位置）处，电线可能会绊到脚。但如果将其设置在一字型橱柜的下部（C 位置），就比较安全，而且不会很显眼。

无须用力拔也能轻易取下的磁吸式插座比较省力，是一种适合老年人使用的设备。

如果在餐厅中设置了电话和传真机，那么也请为手机、平板电脑预留一处充电空间。在这处空间设置 USB 插座，就无须使用电源适配器了，非常方便。USB 插座除了一位式、二位式，还有和普通插座组合在一起的样式。

2 客厅插座布局

在客厅中使用的家电包括：电视及其配件、电脑、音响、落地灯、空调、扫地机器人充电器等全年间固定使用的电器，风扇、空气净化机、加湿器、暖风机等按季节使用的电器，以及笔记本电脑、吸尘器之类移动使用的电器。

关于客厅所需的插座数量，除了固定使用的电器插座以外，为了移动使用的电器，最好按照每 2 帖（约 3 m^2）面积设一处二位插座的模式来设置，并注意在房间对角处平衡配置。比如，在 10 帖（约 16 m^2）大小的客厅中，设置 4~5 处二位插座是比较标准的。

餐厅插座设置示例

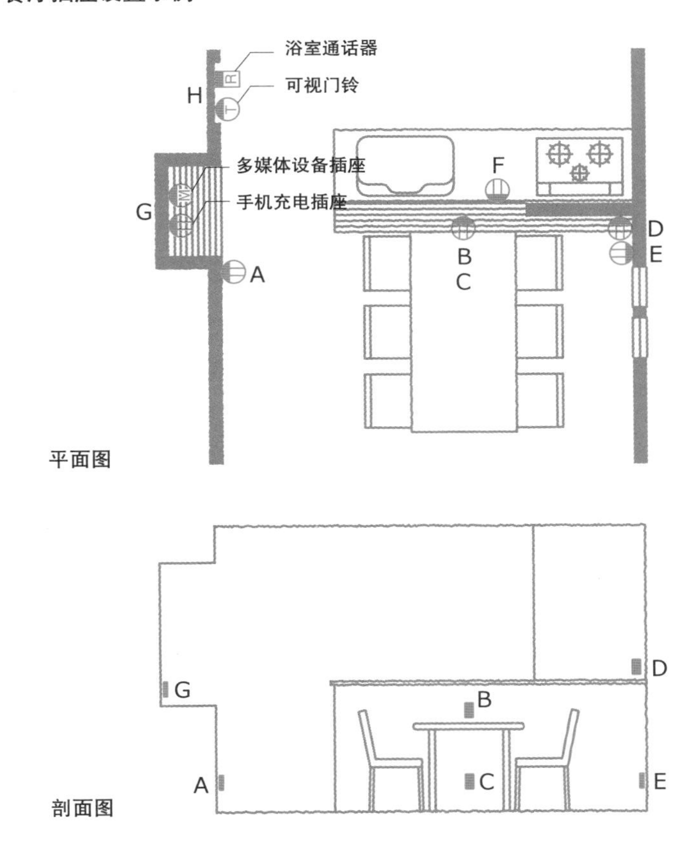

插座位置评价

A: 因为在通道中间，可能会把人绊住
B: 容易拔电源，但可能使电线堆积在桌子上
C: 不容易拔电源，但桌子上不会有电线堆积
D: 适合摆放装饰品
E: 因为位于椅子后方，使用起来不方便
F: 从厨房、餐厅两边都能使用
G: 如果纵深达到 450 mm 以上的话，能够摆放固定电话、传真机及手机等
H: 最好设置在从厨房、餐厅两边都方便使用的位置。如果在墙壁上做出内凹，就能使设备少向外突出

如果设置多媒体电表箱并在各个房间设置多媒体插座（将网络接口、电视接口、电话接口集为一体的插座），那么不仅在客厅，在卧室、儿童房等房间也能使用电视、电话和网络。也有 4K、8K 卫星电视的对应插座可供选择。

无线局域网是很方便的，但由于与路由器距离的不同，各个房间里的传输速率和网络稳定性会有差异。如果设置有线网络连接的话，那么在家中任何地方都能使用高传输速率、高稳定性的网络，便于人们玩游戏或看视频。若提前在墙壁中布线，则能达到更加整洁的效果。

另外，为了节省不在使用季节的空调等电器的待机耗电，可以选用带开关的插座。这样就能省去拔插头的麻烦。除了各个房间的空调，电饭煲也可以选用这种插座。

5 其他必要设备

❶ 可视门铃主机

设置在靠近厨房或餐厅的位置会比较方便。为了让老人也能轻松地看到画面，可以设置在高于地面 1450 mm 左右的位置。

❷ 浴室通话器

浴室通话器具备通知、通话功能，可以设置在方便从厨房处使用的位置。和附近的可视门铃、开关等设备在同一个高度并排设置，可以呈现美观的布局。

客厅插座设置示例

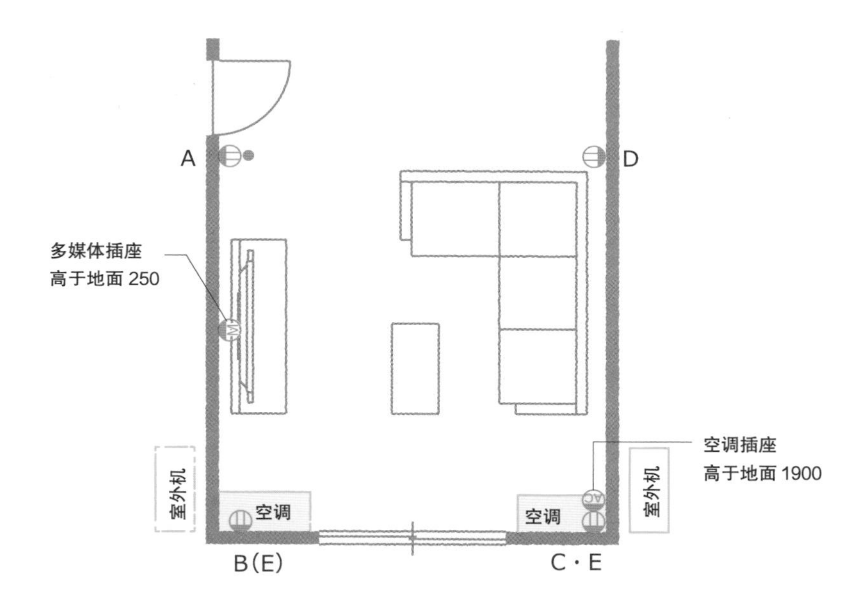

插座位置评价

A：因为在出入口附近（开关下方），所以不太可能被物品挡住
B、C：方便放置落地灯或电脑桌的位置
D：从餐厅、客厅两边都能使用
E：将空调设置在房间短边上，效率会比较高。决定具体设置位置时，还请同时考虑房间美观性和外观（室外机）的情况

07　卧室设备

孩子、老年人等不同人群所需要的卧室功能是不同的。前者优先考虑的是卧室与儿童房的关联性或家务的效率性，而后者优先考虑的是卧室到用水房间的便捷性和安全性。下文将介绍能让各年龄段人群安全轻松地使用、享受优质睡眠的设备。

有利于健康睡眠的照明与插座布局

1 照明布局设计

卧室的照明布局的基本原则是避免让人躺在床上时觉得晃眼。选用吸顶灯时注意选择易于光扩散的灯罩，或者选择能够进行间接照明的样式。选用筒灯时，为了尽量避免人眼直接看到光源，可以将筒灯设置在人脚部一侧。

与太阳的升落相配合，在日间时段，利用吊顶位置的灯具来照明；而在黄昏之后，靠近地板位置的光照对人来说是最自然的，所以像落地灯那样在较低位置照明的灯具对卧室来说是最合适的。

❶ 色温与照度

由于制造商的不同，电灯泡和荧光灯的光色也会有所不同。通常而言，将色温按从低到高的顺序分类排列：电球色→温白色→白色→昼白色→昼光色。电灯泡的光是橙色的，而色温最高的昼光色光是青白色的光。色温高的光有使人清醒的作用，所以在卧室中，选用电球色或温白色的光源比较合适。

根据JIS照明标准，卧室的照度是15~30 lx。而阅读所需的照度是300~750 lx。卧室的功能不仅限于就寝，所以，可以选用具备调光功能、能按需调节明亮程度的灯具，或者利用多光源分散式照明来调节明亮程度。

❷ 便利、安心、安全的照明设备

在夜间，在去卫生间的过程中，在门附近有地脚灯的话会比较放心。

照明与插座设置示例

在 8 帖（约 13 m^2）大小的房间中可以设置 4 盏 100 W 的筒灯，这或许不足以达到阅读所需的照度，但如果用台灯之类的灯具进行局部照明，则未必要拘泥于房间整体的照度数值。

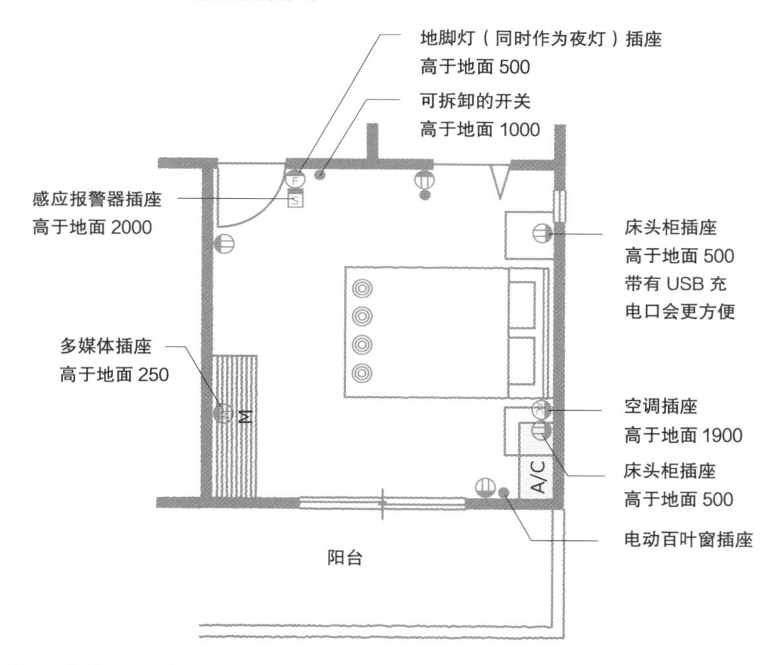

适合卧室的照明设备示例

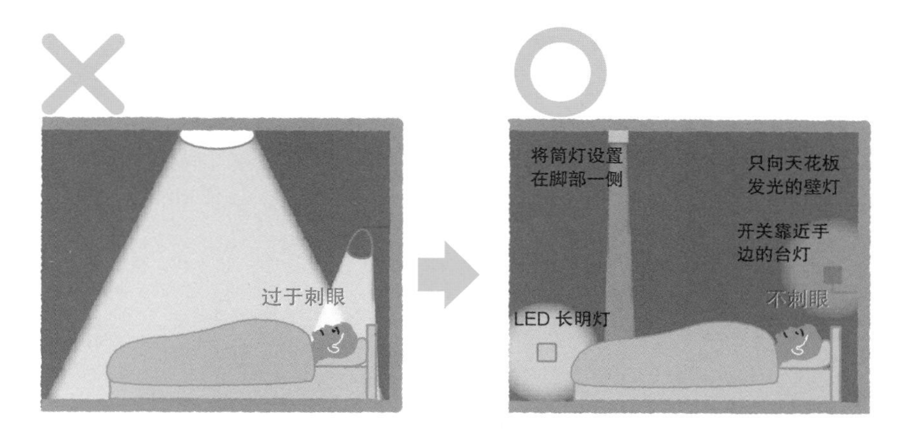

有的地脚灯可以拆下来当作便携夜灯使用，有的则具备停电时自动发光的功能。

至于开关，设置在枕边的话就能从床上操作了，非常方便，而且紧急情况下也会比较安心。如果是遥控式的灯具，最好在床头柜（边桌）上设置一个遥控开关放置处。有的设置在墙壁上的开关可以拆下来作遥控开关拿在手中使用，也很方便。

对于老年人的卧室，最好把开关设置在方便轮椅使用者操作的高于地面1000 mm 的高度。

2 插座布局设计

一般情况下，在卧室中使用的家电种类和客厅基本是一样的。

具体包括：电视、电脑、音响、落地灯、空调、室内除湿专用风扇等全年间固定使用的电器，风扇、空气净化机、加湿器、暖风机等按季节使用的电器，以及笔记本电脑、吸尘器之类移动使用的电器。

关于卧室所需的插座数量，除了固定使用的电器的插座以外，为了移动使用的电器，最好按照每 2 帖（约 3 m^2）面积设一处二位插座的模式来设置，并注意在房间对角处的平衡配置。比如，在 8 帖（约 13 m^2）大小的卧室中，设置 3~4 处二位插座是比较标准的。在茶几（边桌）设置台灯插座、手机充电插座会比较方便。

对于老年人的卧室，最好把插座设置在方便轮椅使用者插拔插头的高于地面400 mm 处。

电灯泡、荧光灯的光色与色温的关系

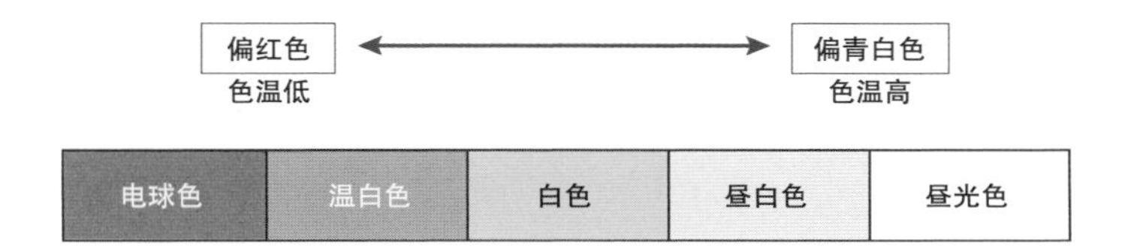

遥控式开关示例

普通情况

就寝前等情况

在床上使用的情况

插图：小山幸子

可作为夜灯使用的地脚灯示例

卧室

起居室、餐厅

楼梯

插图：小山幸子

2 保障安心入眠的设备

下文介绍了卧室中的必要设备的设置要点。

1 空调

在落地窗之类较大的开口处前方进行重点制冷、制暖将得到不错的效果。但是需要考虑冷暖气与床铺的位置关系，避免使风直接吹到就寝中的人。

在二楼设置空调时，需要确认室外机的设置场所、管道路径是否会暴露在正立面上等，避免破坏外观效果。

2 通风（室外）百叶窗

60% 的入室盗窃的侵入口是窗户。特别是面对着阳台的主卧室的落地窗——如果入室盗窃犯藏在阳台的墙壁处，则很难从外部发现，所以这是非常危险的地方。作为对策，阳台墙壁可以选用通透性比较强的材料，或者装上防盗灯等，能起到不错的效果。

最近，越来越多的家庭加强了开口处的防盗性能，比如在有屋檐或阳台这些落脚处的二楼窗户处安装室外防雨百叶窗等。但是在气候比较好的时期，一般选用纱窗就足够了。

对于通风百叶窗或室外百叶窗这类设备，可以通过调节叶片的角度来引入自然光或进行通风。因为可以阻断外界视线，所以即便是开着窗户也能安心入眠。如果提前定时还能自动开闭，说不定能当作闹钟来使用。另外，由于叶片可以单根替换，万一被撬开，也能将损失降到最低。所以，此类百叶窗虽然价格比较高，但还是非常值得考虑的设备。

高效率空调设置示例

设置在窗边并避免使风直接吹向人的面部是比较理想的空调设置方式。A、B 位置都是在窗边可以设置空调的位置，但只有 B 位置能避免气流直吹面部。另外，请勿把空调设置在 C 位置。

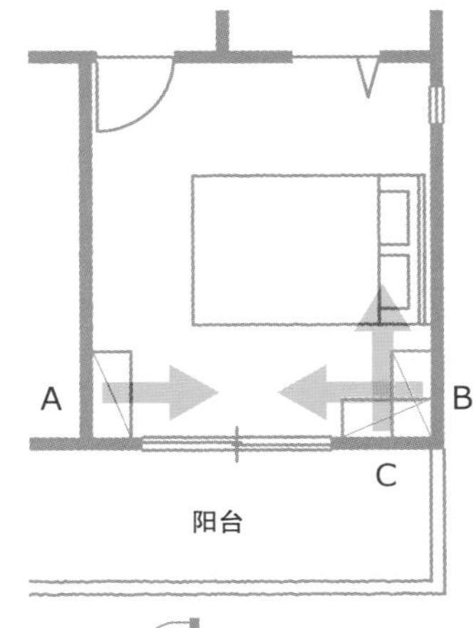

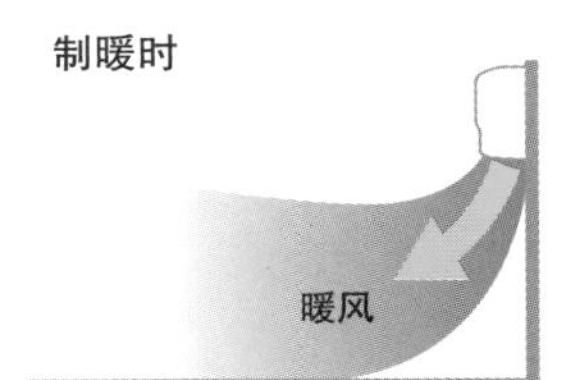

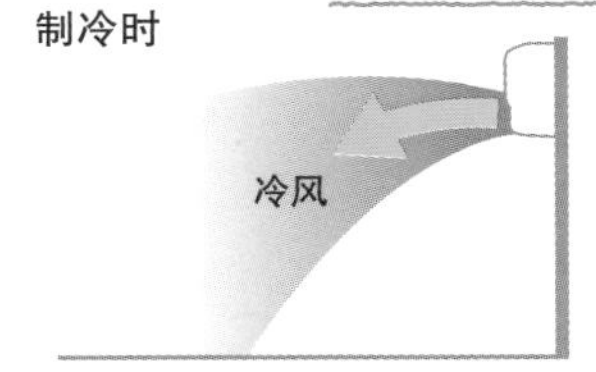

具有防盗性能的开口部分

通常情况下，a 是最容易接近的开口部分，c 是最难接近的、安全的开口部分（参考第 61 页）。

a 住宅出入口
指带锁的、能作为出入口来使用的，并且能从外部开锁和上锁的开口部分（例如玄关、侧门等）。

b 从外部比较容易接近的开口部分
此类开口下边缘与地面的竖直间距小于 2 m，或者与阳台的竖直间距小于 2 m 并且水平间距小于 0.6 m。

c 其他开口部分
除 a、b 以外的开口部分。

当设置的是标准的百叶窗时，选用老年人也能轻松操作的电动百叶窗会更方便。

3 室内干衣设备

因双职工等缘由在夜间洗涤衣物的家庭越来越多了。同时，受到大气污染影响，加上对个人隐私的顾虑，在室内晾晒衣物的家庭也越来越多了。

最常见的室内干衣场所是客厅，其次是空房间，再次是主卧室。近年间，也有专门设置了室内干衣专用空间的住宅。即便不在室内干衣，也可以靠近主要晾晒场所，比如在阳台附近的主卧室中设置室内干衣设备，以应对突如其来的降雨。

室内干衣单元有嵌入吊顶的样式，也有直接安装在天花板上或墙壁上的样式。晾衣竿的数量一般是 1 到 2 根，有手动操作的，也有能电动下降到所需高度的较为方便的样式。

4 感应报警器

感应报警器应该在卧室中设置。感应报警器可以探测火灾产生的烟雾，起到在火灾初期提醒人注意的效果。因此，最好按照全部设备能联动工作的第四级标准来设置。详细情况请参考第 54 页。

5 嵌壁式保险箱

放在地上的保险箱容易被带走，而且很难隐藏。与此相比，能嵌入隔墙的保险柜就非常隐蔽。如果选用按键式的保险箱，还能省去管理钥匙的麻烦。

通风（室外）百叶窗

百叶窗既能保护个人隐私，又能遮阳，适合在卧室和起居室的落地窗处设置。

90° 打开状态

45° 打开状态

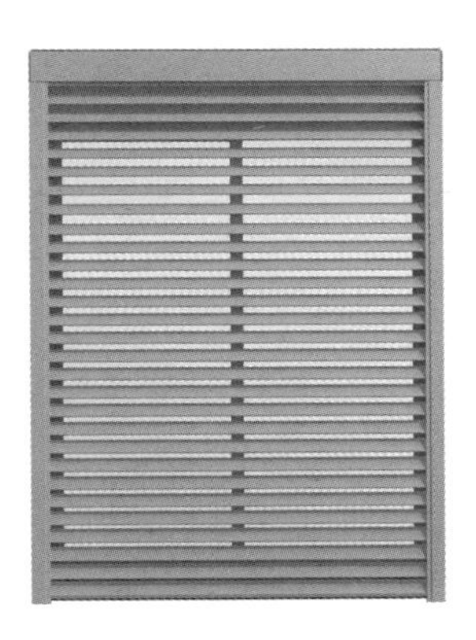

（出处： YKKAP 股份公司　https://www.ykkap.co.jp/products/window/shutter/x-blind/）

室内干衣设备设置示例

比较简单的设置方式是：只在必要时将衔接件安装在天花板上，装上晾衣竿晾晒衣物；或者利用墙壁间的晾衣绳晾晒衣物。

（出处： 森田铝制工业　https://www.moritaalumi.co.jp/product/detail.php?id=11）

（出处：川口技研　https://www.kawaguchigiken.co.jp/products/monohoshi/indoor-spot）

（出处：松下股份公司　https://sumai.panasonic.jp/interior/miriyo/hoshihime/）

嵌壁式保险箱

如果被床褥或衣物挡住，保险箱将是非常隐蔽的。

（出处：防盗防灾设备销售处　https://www.bouhan-bousai.jp/product/728）

08　和室设备

和室的种类多样，包括作为个人房间或客房使用的独立和室，还有可做法事的、两间房拼在一起的和室，以及重视与客厅关系的、靠近角落地台的和室等。下文将介绍能设置壁龛或佛堂的独立和室的设备。

融合了日式设计与功能性的照明与插座布局

1 照明布局设计

和室的特征是座位空间。坐在坐垫上的视线高度比坐在客厅的沙发上时低20~30 cm。

和室的陈设需要使光的视觉重心下移。具体做法包括：选用下半部分嵌入了玻璃的“雪见障子门”；就像壁龛应设置在地板较低处一样，配合周边布置选用垂挂下来的吊灯作为照明，或者放置落地灯等。灯罩也最好选用和草席、土墙、杉木板吊顶等的材质相搭配的材料，例如木、竹、纸等自然材料。

若用吊灯来做房间全体的照明器具，在调整吊灯垂挂的高度时请同时考虑灯罩大小（长 × 宽、直径）、灯罩高度、配光方向带来的影响。如果吊灯垂挂得太低，吊顶面会非常暗，给人以压迫感；反过来太高的话，会失去吊灯照明的独特韵味。

若用落地灯来配灯，可以选用与障子门、榻榻米、矮桌的样式相搭配的带木框的方形灯具，以营造整体性的空间氛围。

根据“基于住宅商品目录的灯具适用面积标准”，适用于 8 帖（约 13 m^2）房间的 LED 吸顶灯的总光通量是 3300~4300 lm。若用筒灯来配灯，如果选择的是 100 W 的灯具（额定光通量 700 lm），那么可以在房间中央集中布置 4 到 6 盏灯。

茶色或绿色的墙壁可能会削弱光线的反射，使房间看起来比较暗。

和室照明的设置高度示意图

灯笼式的吊灯需要足够高的空间（灯下空间 = 吊顶高度 -500）才能设置，所以在卧室设置吊灯时需要多加注意。但如果在客房等房间的矮桌上方设置吊灯，人就不会从灯下通行了，也就无须顾虑头顶上的空间。

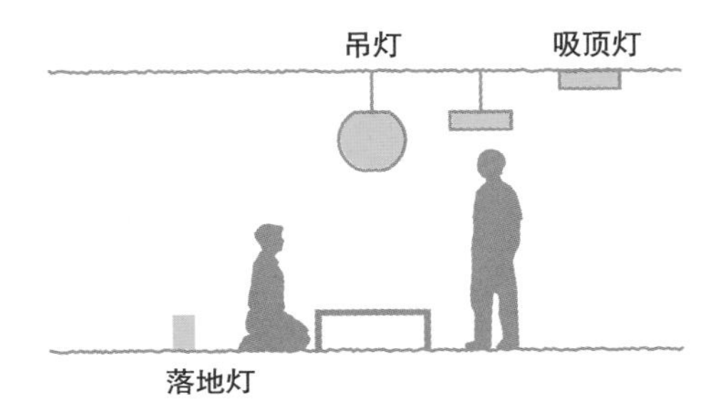

和室设备的设置示例

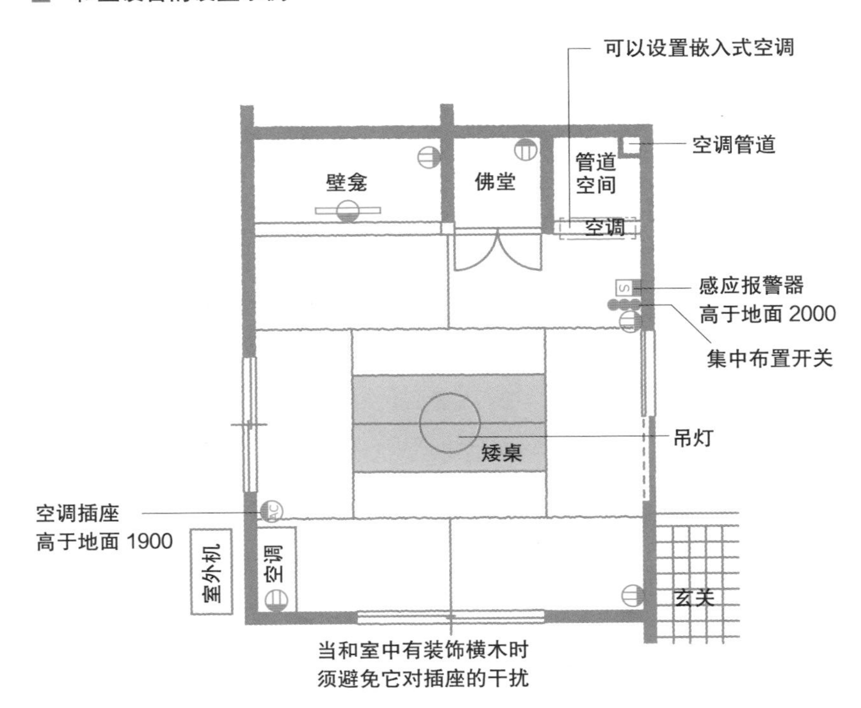

如果老年人使用这样的房间的话，可以选择比标准照明更亮一些的灯具。

对于壁龛处的照明，请布置为坐下的人不会直接看见光源的形式。横向的灯能将壁龛整体都照亮，而筒灯的灯光效果能突出陈设品的立体感。

灯具开关不应设置在对应控制的灯具（壁龛灯、走廊灯）附近，而应集中设置在出入口附近，这样会更整洁利落。开关面板的颜色可以选择与墙壁接近的，尽量避免太突兀的效果。设置高度可以选用方便老人操作的高于地面 1000 mm 处。

2 插座布局设计

作为客房功能的和室所使用的家电包括电视、落地灯、空调等全年间固定使用的电器，以及风扇、吸尘器之类移动使用的电器。为了能让房间得到多功能利用，可以将客房与卧室使用同种家电作为前提，考虑插座的布局设计。

和室常使用推拉门，还具备壁龛等附属空间，所以插座的设置场所比较受限制。除了固定使用的电器之外，为了移动使用的电器，最好设置两处以上的插座。

和室与洋室不同，有壁龛、佛堂、檐廊等附属空间，需要设置与各用途匹配的插座。

对于壁龛，最好有可供装饰品使用的插座，并请设置在不使用壁龛时不会特别显眼的地方；对于佛堂，需要设置佛坛专用的插座。如果门扇是平开式的，可能会对插座产生干扰，所以请选择开关可以与插座联动的类型；对于檐廊，这部分空间与和室被障子门划分开来，所以需要另外设置一处以上的插座。如果有需要将和室作为茶室，为了供用电的茶具使用，也可以适当补设一些插座。

插座面板的颜色可以选择与墙壁接近的，尽量避免太突兀的效果。只要没有特别指定的设置高度，就可以选用方便老人操作的高于地面 400 mm 处。

壁龛与佛堂的插座设置示例

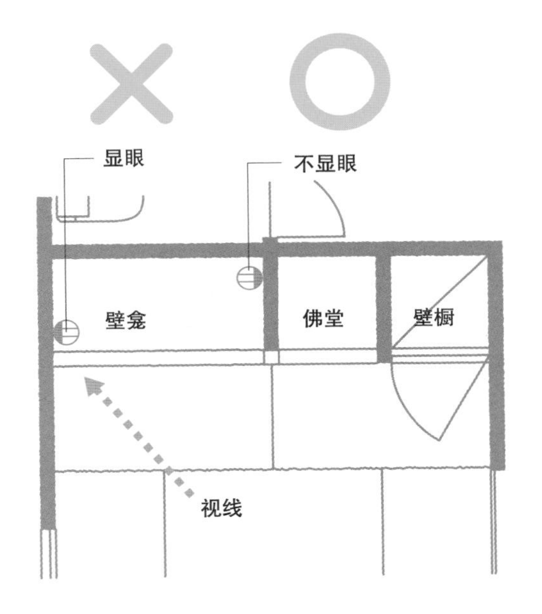

壁龛的插座设置在视线死角比较好。

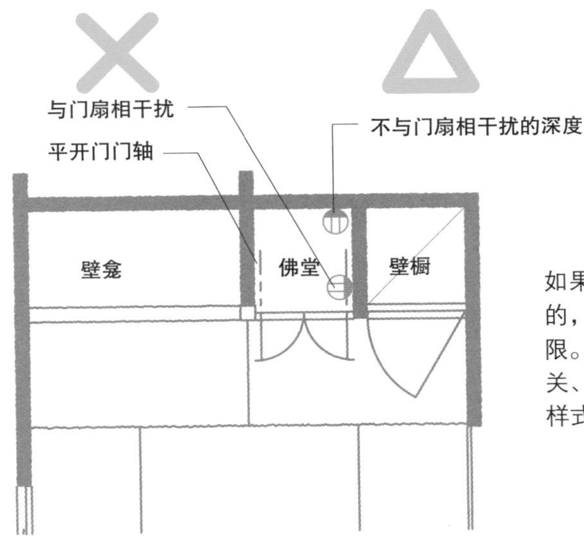

如果佛堂的门扇是平开式的，插座的设置位置会受限。选用能在手边控制开关、插座能与开关联动的样式比较好。

2 适用于多功能和室的设备

下文将介绍多功能和室中兼顾设计感与功能性的设备的要点。

1 嵌入式空调

当和室具备壁龛、檐廊等附带空间时，空调的设置位置会受限。即便设置好了也有可能影响美观。所以，最好在设计阶段就确保有合适的墙面来设置空调（右图）。如果在壁橱的顶柜之类的地方设置嵌入式空调，就不会破坏和室的设计感了。另外请注意，室外机旁边需要 200 V 的电源。

2 升降式矮桌

设置可收纳的升降式矮桌（右下图）的话，它夏季可以作普通矮桌使用，冬季可以作被炉使用，非常方便。尺寸有两名成人使用的 3 尺 ×3 尺的样式，也有六人使用的 3 尺 ×6 尺的样式。另外还有与木地板相搭配的西式矮桌可供选择。请注意需要 100 V 的专用电源。

3 感应报警器

感应报警器能探测烟或热，并提醒人们火灾的发生。所以应当在卧室中设置感应报警器，当将和室作为卧室使用时也是如此。不过可以选用多功能的报警器。

4 干衣设备

由于檐廊的日照良好，而且与和室之间被障子门隔开，所以这里是最适合室内晾晒的场所。设置可拆卸的晾衣竿衔接件能轻松装卸。详细内容请参考第148页。

难以设置壁挂式空调的和室示例

空调的设置场所需要考虑室外机的位置、管道路径及维护性。对于正统的和室，壁挂式空调与空间设计感不匹配。所以，这种情况下选用嵌入式空调更好。

A：室外机位置不佳

B：外部管道路径与室内机不够美观

C：会向佛堂的方向吹风，不太合适

D：在和室入口正对面，不够美观

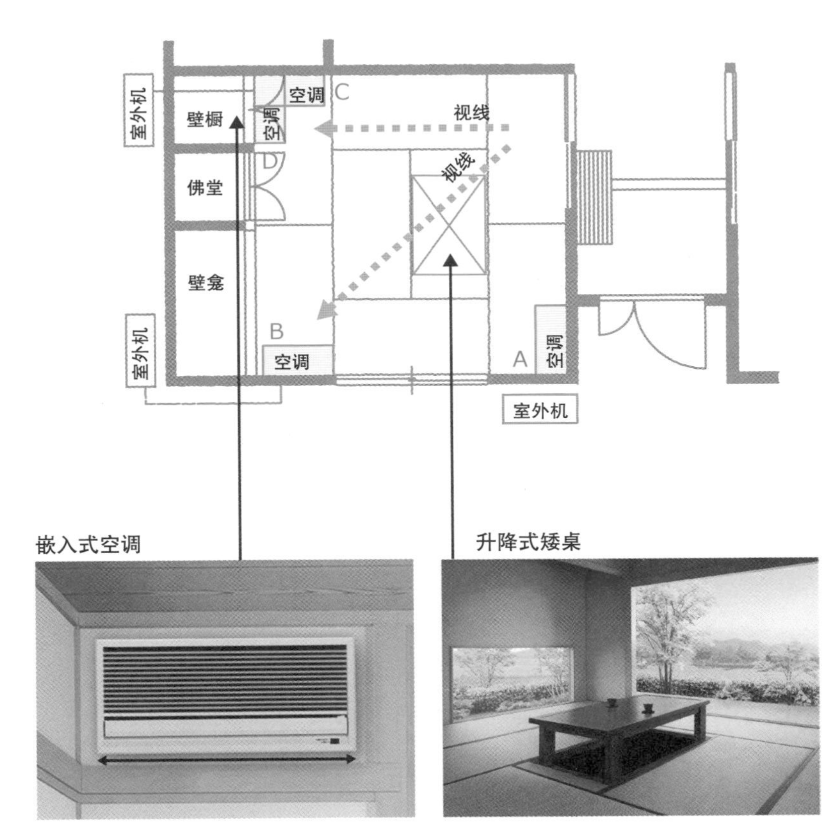

（出处：松下股份公司 https://panasonic.jp/aircon/housing/built-in/kb.html）

这个尺寸可以在910模数的柱距中设置。装饰格栅的颜色有多种选择。

（出处：松下股份公司 https://sumai.panasonic.jp/interior/miriyo/horizataku）

想在8帖（约13 m^2）大小的房间中央设置可能比较困难。

09 阳台与屋顶设备

近年间，由于宅基地的大小、安全性、隐私性等因素影响，除了将阳台作为晾晒衣服的场地，越来越多的家庭将阳台作为儿童或宠物玩耍的场地或园艺场地。在屋顶设置太阳能发电设备、使用屋顶平台的情况也增多了。下文将介绍具有各式各样功能的阳台设备。

1 实用性阳台设备

1 照明与插座设备

❶ 照明布局设计的要点

除了设置具有防盗、泛光照明、干燥衣物等功能性用途的阳台灯具之外，还可以考虑设置可作派对灯饰的灯具。

设置防盗壁灯或功能性壁灯时，可以选在从室内看过去不会晃眼、在建筑物一侧的墙面上距离阳台地板2.0 m左右的位置。这样不但不会碍事，而且易于维护。当阳台的纵深较窄时，如果对应房间（主卧室、二楼大厅等）的照明充足，就无须特地设置功能性照明了。

❷ 插座布局设计的要点

为了供木工设备、落地灯（聚光灯）、彩灯、室外烹饪用具等连接电源使用，可以设置一处以上的防水插座。

2 给排水设备

❶ 供水设备

供水设备对于阳台和室内清洁、植物灌溉、清洗宠物来说是必要的。除了水龙头之外，如果配备一个水槽的话，就能很方便地清洗被弄脏的物品了。可以在内部设置管道空间，或将水管从外部穿过阳台墙壁来配管。

❷ 排水设备

如果阳台的排水设备只考虑排雨水的话，只要不是特别大的阳台，设置一处排水设备就够了。但是，落叶或垃圾之类的杂物可能会堵塞排水设备、妨碍雨水的排出，导致雨水流入室内，所以，还请尽量设置两处。

如果只能设置一处排水设备的话，请务必在比室内低的位置设置溢流管。对于有两处排水设备的情况，设置溢流管能让人更放心。

阳台设备布局示例

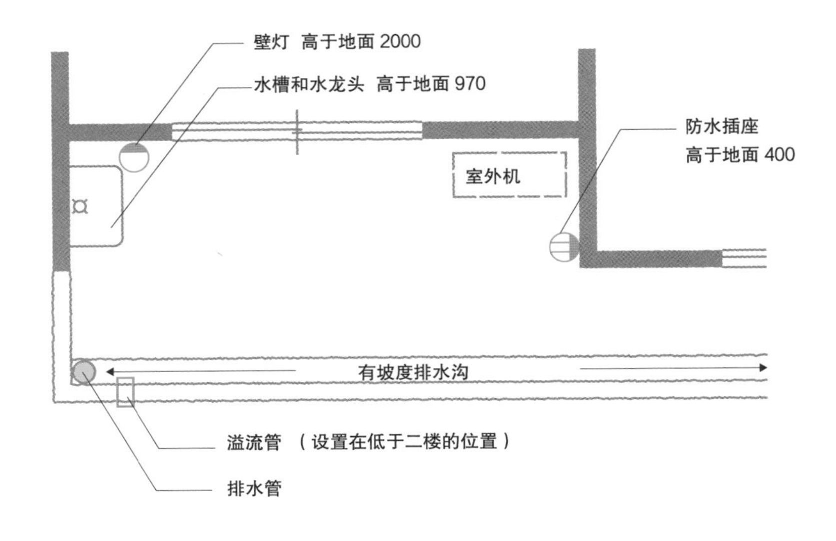

3 干衣设备

在地块狭窄、日照情况差及个人隐私问题的综合作用下，人们逐渐以阳台代替庭院作为室外晾晒场地来使用。

放置型的晾衣架可能被强风吹散，比较危险。安装专用的晾衣架会更方便、更安全。

❶ 晾衣架种类

a. 女儿墙上的晾衣架

在能被阳台的女儿墙挡住的高度晾晒衣物，这样做的优点是从外边很难看到，不会破坏建筑物的美观性。如果选用能够调节高度的晾衣架并向上调高，就会变得容易从外边看到，但它能使衣物更好地晒到太阳，所以是最常用的类型。

b. 外墙上的晾衣架

将晾衣架设置在阳台窗边的墙壁上时，就能从室内晾衣服了。如果屋檐足够深的话，就不会轻易弄湿洗好的衣物。不过这种做法的缺点是晾衣服时很难进出阳台，以及容易从外边看见晾晒的衣物。

c. 阳台天花板上的晾衣架

在阳台天花板处设置晾衣架时，不会轻易弄湿洗好的衣物，细心推敲设置位置的话，也能让人从室内晾晒衣物。不过也具有容易从外边看见晾晒的衣物的缺点。

❷ 其他注意事项

- 当同时使用两根晾衣横竿时，阳台纵深方向应具备 1.2 m 以上的有效尺寸（晾衣横竿间隔 0.3 m × 2，操作空间 0.6 m）。如果按墙壁中轴线间的尺寸来计算，设计时请确保 1.5 m 以上的距离。
- 为了避免弄湿衣物，不少家庭会在完工后加盖露台。这种方式并不美观，而且没有安全保障，如果没有被记录在相关许可材料中还会违反法律。因此，还请通过设计半室外型凹阳台等方法，在建筑物主体上满足晾晒需求。露台（车棚）的申请请参考第 169 页。

● 在配有阳台的房间（主卧室、二楼大厅等）中设置室内干衣设备的话，可以应对突然的降雨，或者做晾晒衣物的准备工作，非常方便。

4 功能性阳台

如果将阳台设置在从二楼厨房处能使用的位置，就可以作为临时放置垃圾的场所。在找不到合适的场所放置空调室外机或管道的话，也可以设置功能性阳台来专门放置室外机。当在功能性阳台上设置了热水器时，务必选用防水插座。

晾衣架布局示例

选择晾衣架的时候，除了要考虑是否方便晾晒之外，还要考虑是否容易弄湿衣物及外观问题。

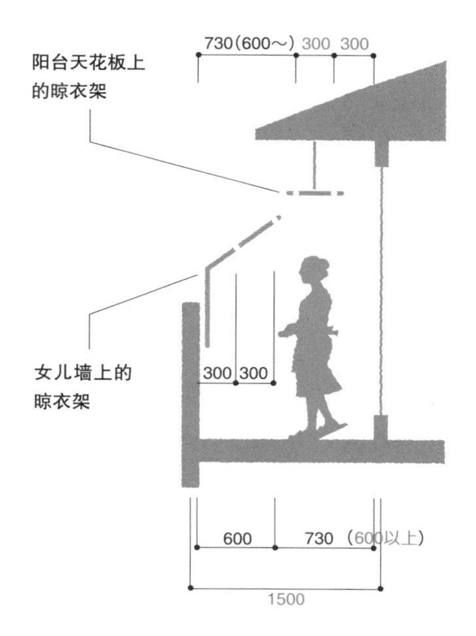

2 太阳能发电设备

1 太阳能发电机的现状与发展

日本计划到 2030 年以前使能源自给率提升到 25%，对于这一过程，太阳能发电机是制造能源的核心设备。

太阳能发电机在日本的配备率在 2018 年达到了 8% 左右（太阳能发电协会调研数据），预计到 2030 年前后达到 10% 左右。

日本的电价从最初的 42 日元 /kWh 开始逐年下降，到 2019 年降至每单位 24 日元。虽然目前人们面对着太阳能电池板（使用年限 20 年以上）和电源调节器（使用年限 10~15 年）等设备逐渐老化、日本的相关补助金制度在 2013 年终止、总电费的上升等困难，但是，由于 ZEH 补助金的申领、太阳能发电效率的提升和设备费用的降低，设置太阳能发电设备的好处也变多了。如果和家用蓄电池并用的话，能够更有效率地使用发电设备制造的电力。

2 提高发电效率的屋顶设计

提高发电效率的重点在于屋顶方向（方位）、角度（除了平屋顶的情况，指屋顶坡度）及面积（屋顶形状）。

根据太阳能发电协会的资料（在东京倾斜角度为 30° 的屋顶），若以南面的屋顶的发电效率为 100，不同方位的屋顶的发电效率分别是：东、西面 83；北面 62。所以，最好在南面设置尽可能大的面积的屋顶。

最合适的屋顶坡度和太阳高度有关，所以根据地域不同而不同。根据经济产业部门的数据，日本各地区屋顶的全年最佳倾斜角度分别是：福冈 26° ~ 28° ；大阪 28° ~ 30° ；东京 32° ~ 34° ；札幌 34° ~ 36° 。另外，6 寸坡度的屋顶的角度大概是 31° 。

接下来是屋顶形状。以屋顶朝南为条件，首先是单坡屋顶，接着是人字屋顶，能高效率地设置发电模块。

四坡屋顶的优点是在三个屋顶面（东、西、南）都能设置发电模块。然而缺点是屋脊处的梯形或三角形发电模块的费用十分高昂，而且设置效率不高。

平屋顶的优点是容易在最合适的角度和方位进行设置，缺点是搭设基座的费用较高。

如果屋顶形状复杂，屋顶之间可能会相互产生阴影。所以，从重视发电模块的设置效率、发电效率的观点看来，简单的大屋顶是最好的。

不同方位的发电效率

关键点：在发电效率最高的南面设置大量发电模块。

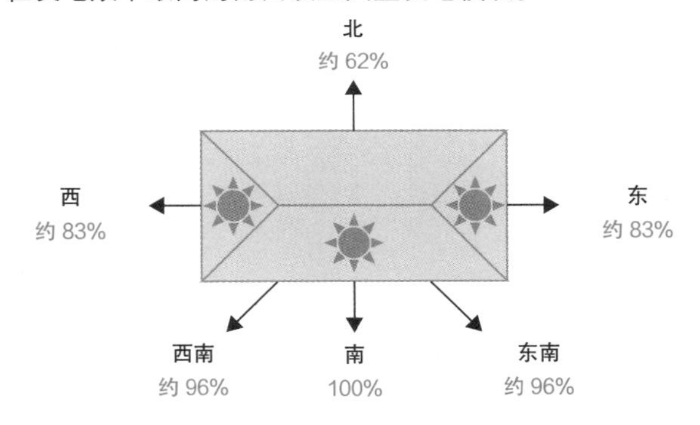

（出处：太阳能发电协会　https://www.jpea.gr.jp/inquiry/q_a/index.html）

不同设置角度的发电效率

在全年间获得最大日照量的条件是向正南方设置倾斜角度约 30° 的屋顶。

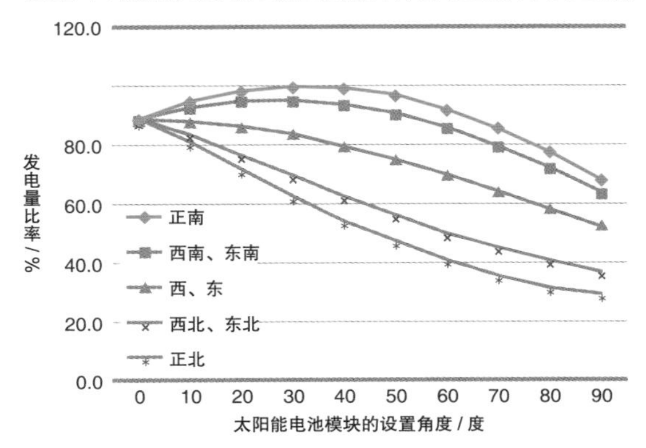

（出处：太阳能发电协会 https://www.jpea.gr.jp/inquiry/q_a/index.html）

10 室外设备

室外设备既能提升住宅的防盗性、安全性和便利性，也是维持绿意盎然的居住环境的必要条件。

1 既安全又美观的照明设计

▌ 照明布局设计

室外照明除了将周围照亮外，还需要具备辨识性、表现力和防盗性。设置时还应该确认灯光不会过亮，不会晃眼，勿使感应灯打扰邻居等。

如果室外照明的开关带有亮度感应器，就能判断明亮程度，并自动控制灯具的点亮和熄灭。如果开关带有关灯计时器，就能控制关灯时间。如果希望手动操作，可以使用玄关门厅的开关。

❶ 辨识性的要点

在门周围，入口处的梯段、报纸投递口、内线电话、门牌、钥匙孔及包袋内部需要具有一定的辨识性。所以，门周围必要的照度为 30 lx，此时人们可以正确判断文字或形状。当照度为 5 lx 时，就足够看到入口处的梯段了。

庭院的整体照度标准为 30 lx。但在室外用餐时最好有 100 lx 的照度，并使桌面的照度达到 200 lx。车库的整体照度标准为 50 lx，在室外使用工具时最好有 100 lx 的照度。在玄关门廊处，除了设置灯具，最好在一侧设置一小段连续的水平扶手。设置高度的标准为 800 mm。

❷ 表现力的要点

室外环境和室内不同，从外边也能看见。所以室外环境的好坏对周边地区的影响比较大。

所以，不妨提高灯具的设计感，推敲照亮树木或墙壁的方式，提高灯光的表现力。

玄关门廊的必要设备示例

玄关门廊梯段示例

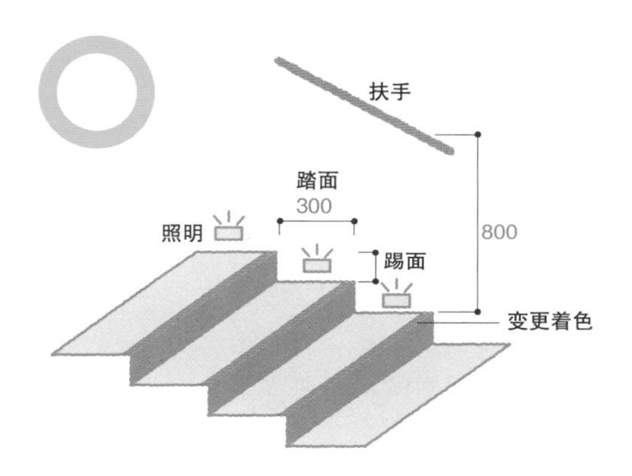

树木的泛光照明的要点

设计时，将灯具布置在树木背后，这样从室内就只会看见被照亮的部分。

设计时，需要注意灯具的设置位置和照射方向，避免让行人觉得晃眼。

插图：小山幸子

照亮树木的照度标准是 30 lx。可以利用灯具的直射水平照度分布图进行确认。配灯的要点是从外边看过去时不会晃眼，从室内看过去时不会直接看见光源。按照这样的标准认真配置灯具，使照射面呈现出美观的效果。根据树木高度、枝叶茂密程度、与人之间的距离等，可以在从树木底部照亮、从远处照亮、从建筑物墙壁照亮等有效照射方法中进行选择。

照亮墙壁的话，会产生反射光效果，使空间整体的明亮感提升。当视线远处的墙壁比较明亮时，会引起人的兴趣，给人安全感，使人容易走上前接近，形成草原效应。

❸ 防盗性的要点

区域性的措施可以有效确保第 56 页中介绍的防盗环境设计的四个原则中的①强化视野及②确保领域性。

除了确保辨识性或表现力的照明，还应设置感应灯，避免建筑物或树木使环境变暗。光线充足、装修精致的房屋不仅能提高街道的资产价值，还可以提高防盗性能。

2 插座布局设计

室外防水插座可供做木工活需要的电动工具、洗车需要的高压清洗机、吸尘器、电动汽车充电使用，还可以为庭院中的泛光照明供电。可以在庭院、玄关、车库等必要场所适当设置插座。

另外，净化槽的送风机、燃气热水器的电源、电动车库门、电动百叶窗等室外部件也需要电源。为了后面补装防盗灯，还请设置预备插座。

电动汽车等的充电器每天都要插拔插头，为了让人不弯腰就能使用，推荐设置在高于地面 900~1200 mm 的高度。由于电动汽车型号不同，充电口的位置、电缆的长度也不同，所以在选择设置位置时需要注意。虽然充电器分为 100 V 和 200 V 两种，但比较推荐的是能使充电时间减少到 1/2~1/3 左右的单相三线式 200 V 充电器。

草原效应

目的地明亮，容易向前走

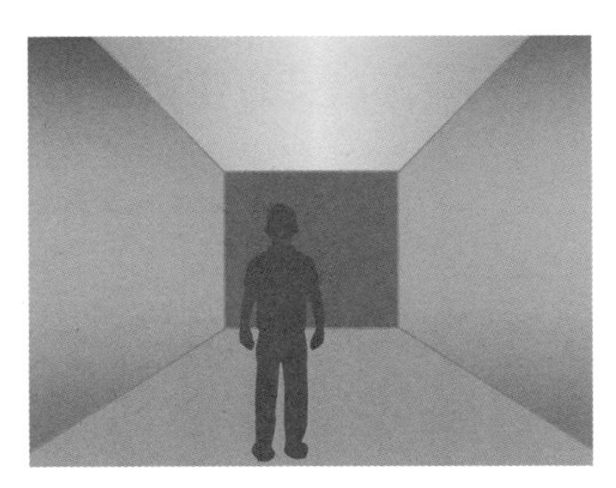

目的地昏暗，难以向前走

2 住宅植被环境的给排水设计

1 室外给排水设计

给排水管道的路径，以及雨水井、污水井的位置必须依靠室外设计方案来确定。不在入户通道上显眼的地方设置排水井、在车辆通行处应设置耐压井盖等，这些内容可以参考第 14 页。但也需要注意植物栽培和室外给排水的关系。

一般情况下，绿化的图纸中只会将树干记录在内。但是栽培树木所需的洞穴必须要挖得足够大，根系需要大约是树干直径三倍左右的尺寸。在很多案例中，主树等比较大的树木根系包裹物干扰了管道敷设，或是没法栽种在计划的位置。所以，在开展室外给排水工程的时候，请务必根据包含了绿化效果的最终室外图纸，与园林工作者进行磋商。

原则上，宅基地里的公共管道井（污水、雨水）和水表是不可以移动的。所以，在规划设计的时候，应使这些装置远离入户通道。

2 室外水龙头

室外水龙头包括洒水栓和立式水龙头。洒水栓是埋在地下设置的，不会造成干扰，但是用的时候只能蹲着拧开水阀、连接软管等。洒水栓主要用于洗车或为庭院浇水。

立式水龙头能让人站着使用。和室外洗手池或水槽并用的话，用途就会大大增加，包括供人用桶接水、洗涤弄脏的物品、回家时洗手、清洗宠物等。

水龙头和室外洗手池的设计多种多样，可以选择和庭院的风格相符合的样式。另外，室外洗手池和水槽的排水管应与污水管连接，而不是雨水管。

污水井设置示例

反例

在玄关门廊前面使宅基地内的污水管合流，并以最短路径排放到公共污水井中。在这个案例中，在门廊上设置了污水井，所以是个失败的管道敷设案例。

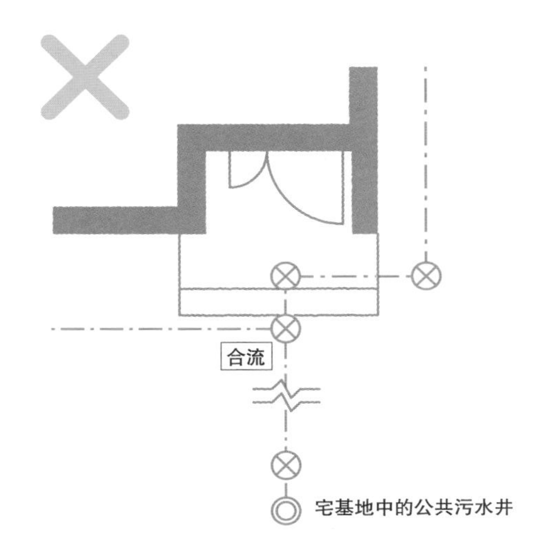

正例

将合流处挪到西侧，迂回地排放到宅基地内的公共污水井中。虽然井的数量增加了、管道变长了，但无须在门廊上设置污水井，所以是个成功的管道敷设案例。

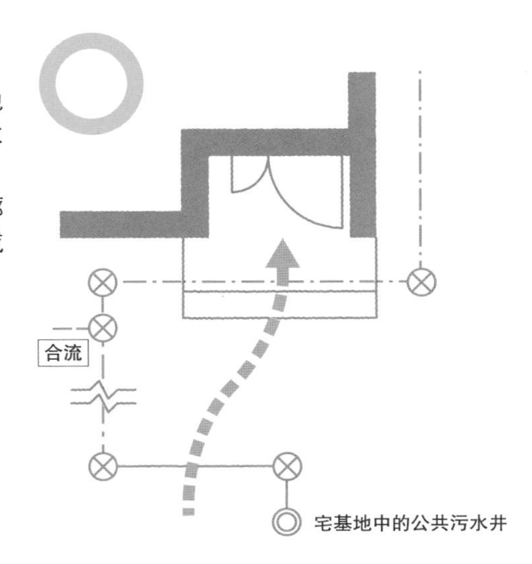

3 其他设备

1 收件箱

有了收件箱，即便在外出时也能收取包裹。除了便利之外，使用收件箱能免去面对面收件，提高了防盗性。

收件箱的上锁关锁方式一般是拨号式。收件箱的设置方法除了嵌入外墙或围墙（挂住）、与功能性门柱组合之外，还有放置式的。收取的包裹的重量、尺寸会由于商品种类的不同而不同，所以在选择收件箱时可以仔细考虑自己可能会收到什么样的包裹。

2 车棚

车棚是一种需要确认申请书许可的建筑物。请选用合法的样式。为了改善居住环境，也有一些地区是禁止设置车棚的。

❶ 基础施工时的注意事项

必须为车棚设置基础。尤其对于沿着宅基地边缘设置车棚的情况，请注意不要干扰给排水管（供水、雨水、污水管）或砖墙的基础。如果靠近建筑物设置车棚，请注意避免基础之间的互相干扰，可以采取将建筑物的基础设置为偏心基础、深基础等对策。

❷ 确认申请书的要点

对于市面上的金属制车棚，因为其构造方法是不受建筑基准法认可的，而且构造的安全性也不容易证明，所以一直是在没有申报的情况下建造的。不知道车棚的设置必须得到许可的人士可能也很多。

根据 2002 年日本国土交通部门的告示中公示的技术标准，用铝合金建造的建筑物（车棚）的确认申请是比较容易的，但是按照过去的例子来看，在建筑物完成检查后不进行申报就施工的例子不胜枚举。无论如何，设置车棚时，请务必遵守法律。

- **即便没有违反法令也不去申请的理由**

· 在提交建筑确认书的时候，没有确定车棚的样式。确定了样式之后觉得变更设计方案很麻烦，所以没有申请。

· 以为在建筑物的竣工检查之后设置车棚是一种惯例，所以没有申请，自认为直接建造就可以。

- **违反了法令而无法申请的理由**

· 因为建筑覆盖率（建筑物基底面积占宅基地面积的比例）超标了，所以无法申请。

· 没有遵守建筑退线（墙壁线从道路、相邻地块的分界线后退的距离），所以无法申请。

· 没有采用符合标准的样式（屋顶材料种类等），所以无法申请。

结 语

与我刚开始从事住宅设计工作的三十多年前相比，住宅具备的基本性能——特别是防震、隔热性能得到了优化，以更高的基准得到了标准化。同时，将住宅性能可视化的住宅性能表示制度，以及能供人长期、连续居住的住宅标准——长期优良住宅的认定制度也开始施行了。

那么本书中的住宅设备会怎么样呢？我想，太阳能作为一种新能源得到急速普及、成套配备了电磁炉和二氧化碳热泵热水器的全电气化住宅成为最先进的住宅大概也都是那段时间发生的事吧。现在，被称为智能住宅的，能借助信息技术控制各个设备与电器的节能住宅正在普及中。仿佛整个住宅变成了一个机器一般。而互联网则渗透到个人生活的每个角落，正如本书所述，这影响了客厅等空间的平面布局方式。

等离子电视时代逐渐终结，4K智能电视的时代已经到来了。虽然还不能说是已经可以熟练使用，但能收看高画质的《鬼灭之刃》动画，能加入孩子们的话题，我已经非常满足。请孩子打扫卫生的时候，孩子便会按下扫地机器人的按钮。想查询一些问题的时候，只要问问人工智能助手 Alexa 就能得到答案。这个时代变得越来越便利了。

无论人们是否期待，我们的生活都与时代一同发生着变化。说不定仅仅数年以后，本书的内容就会变得陈旧、不得不用同一主题重新编写，真是让人都没空变老。

在最后，请允许我向协助本书出版的日本建筑协会（一般社团法人），以及出版委员会的各位表达深深的谢意。学艺出版社股份公司的岩崎健一郎先生，在从策划、编辑到出版过程中为我提供了莫大的帮助，在我执笔时也给予了很多帮助。总之，向各位表示衷心的感谢！

堀野和人

作者简介

堀野和人

一级建筑师事务所 Smilism 代表，曾在建筑工程总承包公司、建筑设计公司就职。一级建筑师，一级建筑施工管理技士。曾著《图解住宅尺寸与格局设计》《图解室内空间布局改造》等书。

加藤圭介

1964 年在大阪出生。曾在空调设备公司就职，现任综合设备公司及楼宇管理公司董事。能源管理士，一级管道工程施工管理技士。